高等职业教育鞋服专业新型系列教材

鞋服舒适性技术

施　凯　主编

孙天赦　等　编著

中国纺织出版社有限公司

内 容 提 要

本书针对当前鞋服产品舒适性设计与研发的现状，为提升鞋服企业技术研发水平和院校人才培养质量，充分满足消费者对舒适型鞋服产品的使用需求编写而成，也是国家职业教育鞋类设计与工艺专业教学资源库配套教材。

本书分为基础篇、技术篇和综合篇。基础篇主要讲述鞋服舒适性的概念、影响鞋服舒适性的相关因素等基础知识；技术篇主要讲述人体形态、运动与鞋服舒适性的关系，同时分析当前鞋服舒适性测试技术的主要种类及方法；综合篇主要讲述了应用鞋服舒适性技术开展实践测试的步骤与案例。重点章节与职业教育鞋类设计与工艺专业国家教学资源库内的相关知识点或技能点对应，并附网络教学资源。

图书在版编目（CIP）数据

鞋服舒适性技术 / 施凯主编；孙天赦等编著. --
北京：中国纺织出版社有限公司，2020.10
高等职业教育鞋服专业新型系列教材
ISBN 978-7-5180-6604-9

Ⅰ. ①鞋… Ⅱ. ①施… ②孙… Ⅲ. ①鞋–设计–高等职业教育–教材②制鞋–生产工艺–高等职业教育–教材 Ⅳ. ① TS943

中国版本图书馆 CIP 数据核字（2019）第 191279 号

策划编辑：张晓芳　责任编辑：郭　沫
责任校对：江思飞　责任印制：何　建

中国纺织出版社有限公司出版发行
地址：北京市朝阳区百子湾东里A407号楼　邮政编码：100124
销售电话：010—67004422　传真：010—87155801
http://www.c-textilep.com
中国纺织出版社天猫旗舰店
官方微博 http://weibo.com/2119887771
三河市宏盛印务有限公司印刷　各地新华书店经销
2020年10月第1版第1次印刷
开本：787×1092　1/16　印张：10.25
字数：193千字　定价：49.80元

前言

鞋服舒适性技术是鞋类设计与工艺和服装设计专业的一门专业必修课程，是鞋服技术营销方向的核心课程之一。其任务是通过本课程的学习，使学生基本掌握影响鞋服穿着舒适性的关键因素，以及分析测评舒适性影响因素的关键技术手段。通过当前鞋服舒适性研究领域的技术设备操作、测试、分析，最终获得舒适性技术指标，提升产品设计的穿着舒适性。本课程注重培养学生掌握当前国内外鞋服舒适性研究领域的关键技术种类的基本原理以及测试比对方法，使其具有独立组织开展鞋服产品舒适性能测试、分析、设计的能力。

课程建立在深入分析鞋类设计与工艺、服装设计专业、鞋服技术营销培养方向当前岗位工作任务、能力要求的基础上，充分考虑当前鞋服行业发展产品研发趋势以及营销手段创新需求，以市场为导向，以培养技术创新型人才为目标，充分考虑专业特色，本着"以能力为目标、以学生为主体、以素质为基础、理论与实践一体化"的原则设定。力求通过该课程的学习，使学生了解鞋服舒适性的基本概念和关键影响因素等基础理论知识，在此基础上掌握相关舒适性研究技术的操作测试、分析、评价的基本能力，为鞋服舒适性设计、营销服务。

本课程是以鞋类设计与工艺、服装设计专业、鞋服技术营销培养方向岗位素质要求为导向，在专业委员会专家的指导下，对以上专业相关岗位进行职业能力需求分析。以当前鞋类设计与工艺、服装设计专业、鞋服技术营销岗位人员应具备的岗位职业能力为依据，按学生的认知特点，采用先知识后实践、理论结合实践、由浅入深、层层递进的结构来安排教学内容，通过基础知识讲解、关键技术应用、案例分析、实战演练四个基本模块来组织教学，倡导学生在项目活动中学会独立组织开展鞋服舒适性的测试、分析、评价、改进的能力。同时，通过团队协作，实战演练的方式培养学生协同合作的职业素养和协调组织能力。通过本课程的学习，使学生了解鞋服舒适性的基本概念、影响鞋服舒适性的关键因素、鞋服舒适性研究测试关键技术实操，初步掌握鞋服舒适性测试、分析及评价相关的基础知识、基本思想及基本方法，培养学生独立组织进行鞋服产品舒适性测试、分析和评价的技能。本课程建议课时为72课时。

编著者
2020年6月

目录

综　合　篇

基 础 篇

第一章 鞋服舒适性概述

【知识点】鞋服舒适性的概念、意义、研究内容及发展趋势。

【能力点】能够准确认识鞋服设计需求的影响因素，及时掌控鞋服市场发展趋势。

一、舒适性概念

鞋是人们日常生活中确保人足在行走运动时获得基本保护的消费品。随着科技发展、社会进步以及人们生活水平的提高，现代消费者对于鞋类的兴趣，已经从遮足御寒的基本功能，延伸到"美观、舒适、时尚"等方面。人们在选择鞋款时，促使消费者试鞋的诱因来自于鞋的样式，而真正使消费者买下鞋的重要原因之一来自于鞋的舒适性。

人的舒适度的感觉主要包括视觉舒适度、嗅觉舒适度和触觉舒适度。舒适性是一种个性化的体验，是人通过感觉对外界事物的刺激进行的主观评价。

改革开放以后，我国的制造业迅猛发展，满足了人们对鞋服商品的需求，但是长久以来，国内鞋服、鞋类产品仅仅处于能穿和耐穿阶段，对产品舒适性的研究和投入较少，消费者满意度不高。针对这一情况，2011年3月，全国制鞋标准化技术委员会召开了"鞋类舒适性研讨会"，国内多家制鞋企业以及有关专家学者参加了讨论。确定了鞋类舒适性的定义："鞋类舒适性是人们在穿着过程中对鞋的心理和生理感受的综合评价，是指鞋符合人足形态结构和功能要求的程度。舒适性因素主要包括合脚性、功能性、鞋内环境等。合脚性指鞋的结构尺寸、鞋与足匹配、鞋对足部压力等；功能性指稳定性、减震性、柔软性、防滑性、轻量化等；鞋内环境指吸湿透气性、卫生性等。"

二、舒适性意义

随着市场经济的不断发展和日益增长的物质文化和精神文化水平，鞋服行业经验的不断积累、技术水平的不断进步以及新材料的不断发展，推动了鞋服舒适性的研究。通过对鞋服适体性和功能性等舒适性要素的学习和研究，能够提高产品的质量和性能，为市场提供满足消费者需求的产品。

舒适性影响人们活动的方方面面。研究表明，运动项目中的疲劳、足踝损伤影响运动员的成绩，而舒适性设计合理的运动装备，能够起到提高成绩、保护身体的作用。美国的一项对30000多个家庭的调查研究表明，舒适性已成为消费者选购鞋子的重要依据。54%的被采访者把舒适性视为极端重要，而把价格和品牌列为极端重要的人分别占43%和13%。我国的一项针对青少年的调查则显示，大部分青少年对已有运动鞋的舒适性程度感觉一般或不太满意。在足部疾病的预防方面，鞋类舒适性同样至关重要。鞋类虽然保护足部不受外部损伤，但也存在各种不合脚、穿着不舒适的问题，从而破坏足部各组成部分的相互协调，导致各种足部疾病的发生。同时，随着人们对舒适性的追求，定制化的市场需求越来越大，研究鞋服舒适性能够对将来的个性化定制提供有力的参考。

三、舒适性研究内容

（一）适体性

日常穿着的鞋服，既要满足人体的静态尺寸，又要符合运动状态下的尺寸变化需求。所谓适体性，从狭义上讲，是指既要使鞋服尺寸适合人体，又要使体型得到最佳体现；从广义上讲，鞋服的适体性除了具有适当的宽裕量以外，在同一尺寸范围内，能尽可能多地符合多数人的体形，同时要有一定的功能性，便于人体运动，在人体运动中不产生变形，在运动结束时能迅速复原的良好性能。在我国，各大品牌运动鞋公司也相继建立自己的生物力学实验室。例如，李宁（中国）体育用品有限公司与香港中文大学人体运动科学系合作，对专业运动特征进行数据采集和分析，从而提高产品的专业性和压力舒适性；另外，其与美国某公司合作开发了"李宁弓"减震系统，利用拱形的受压变形有效地缓解压力，改善运动鞋根部的减震性能。

（二）功能性

鞋服具有辅助人体适应外界气候变化，防止和消除外界对人体危害的功能，这就要求鞋服的形态和材质，既要具备耐寒暑及抗雨雪的功能，同时又要具有利于运动、辅助增进人体健康的作用。功能性研究主要是以维护个体生存、健康、生活的高效与舒适为研究目标。

鞋服要求具有优良的保持体温的能力。人们为了适应外界气候的变化，常以穿着适当的鞋服来调节体温，使人体的温度保持在36.5℃左右，这是通过鞋服面料的吸湿性、吸水性、保温性、通气性、含气性、导热性、抗热辐射性、防水性、耐汗性等性能来实现的。

人体、鞋服、环境三大要素构成了人体工程学的研究系统。从环境属性角度来看，鞋服具有温度和温度差、相对湿度和空气含湿量、空气运动和太阳辐射或其他热源的热辐射等要素；从人体属性角度来看，鞋服具有结构和层次要素。因此，鞋服的功能性可从以下两个方面进行描述：一是功能和用途，二是结构和组成。鞋服最基本的功能特性包括清洁卫生功能、舒适功能和安全防护功能。

1. 清洁卫生功能

清洁卫生功能是指鞋服应对人体的健康有益，要求面料对人体无损害。例如，某些化学刺激会使人体皮肤发炎、发痒，严重时还可形成小疱或脓疱等。鞋服应保护人体不受外界和内部的污染。外部污染主要有尘土、煤烟、工业气体及其粉尘等，内部污染主要指由于皮肤表面出汗、分泌的皮脂、脱落的表皮细胞等污垢。这就要求鞋服应具有防止粉尘侵入皮肤的功能，内衣应具有吸附脏污的能力，鞋服脏污则要求容易洗涤。

鞋服应具有外界的致病微生物或非病原微生物不能侵入的功能。

在特定环境下，鞋服应具有防护机械性外力和防止有害药品、射线等侵入的功能。鞋服款式应以不妨碍活动为原则，从身体活动的角度考虑，鞋服应具有良好的柔软性、伸缩性、压缩弹性、屈曲硬度、拉伸强度和抗折皱性以及重量轻等。

☞【链接】人体不同部位的皮脂污渍量

人体不同部位皮肤表面的皮脂分泌量不同。皮脂分泌量多的部位，内衣上附着的皮脂量也越多。皮肤表面的皮脂量与内衣附着的皮脂量之间的关系如表1-1所示。

表1-1　皮肤表面皮脂量与内衣附着皮脂污渍量　　　　单位：mg/25cm² · 6h

身体部位	季节	胸	肩	背	颈	腹	腰	大腿
皮肤表面皮脂量	夏	0.138	0.111	0.351	0.390	0.075	0.114	0.055
	冬	0.586	1.005	1.411	1.606	0.179	0.350	0.146
内衣附着污渍量	夏	0.065	0.204	0.366	0.379	0.046	0.086	0.044
	冬	0.170	0.396	0.509	0.564	0.096	0.108	0.085

☞【链接】神奇的牛奶丝

所谓"牛奶丝"是根据天然丝质本身所含蛋白质较高的原理，将液态牛奶去水、抽脂，加上揉合剂制成牛奶浆，再经湿纺新工艺及高科技手段处理，制成牛奶纤维即牛奶丝。

牛奶丝内含多种氨基酸，贴身穿着有润肌养肤的功效。同时牛奶丝还具有天然持久的抑菌功能，对杆菌、球菌、霉菌均有抑制作用。随着人们对衣着要求的逐渐提高，鞋服的款式也变化丰富，用牛奶丝织造的鞋服具有轻盈、柔软、滑爽、悬垂、透气、导湿等特点。由于牛奶丝比棉、丝强度高，可防蛀、防霉，故更加耐穿、耐洗、易贮藏。

2. 舒适功能

鞋服的舒适功能，主要是指鞋服对人体活动的舒适程度，以及鞋服材料的穿着舒适性。表现为鞋服的重量、伸缩性和压力以及对气候的调节等。

人体承受服装的重量主要在两肩和腰部，服装应不影响血液循环和呼吸运动为上限。一般来说，在满足鞋服对人体温度、湿度调节功能的前提下，越轻越好。通常，冬季鞋服较重，夏季鞋服较轻。男子服装舒适性要比女子高20%左右。

鞋服的伸缩性是指鞋服适应人们日常生活、工作和运动中动作需要而产生适当伸缩的特性。在一定程度上取决于构成衣料的织物所具有的伸缩性。鞋服的伸缩性优良，人们穿着时才会感到舒适，有利于提高工作效率，减轻疲劳程度。

鞋服对气候的调节是指通过鞋服来保持人体湿热恒定的特性。一般情况下，人体躯干部分的皮肤与衣服最里层之间的温度宜保持在32℃左右，湿度保持在50%左右，气流约为25cm/s，人则感到舒适。为了达到理想的舒适性，可以通过增减鞋服穿着数量和改变鞋服材料的性能、组织结构及其鞋服类型来进行调节。鞋服的温度调节是由鞋服材料的保暖性、透气性等决定的。

3. 安全防护功能

人类为适应气候环境或是为保护自身不受伤害，选用自然的或人工的物体来遮盖和包裹身体。鞋服的安全防护功能是指人体借助鞋服使身体与外界隔离，防护身体免遭机械外伤和有害化学药物、热辐射烧伤等的护体性能。从保护人体的角度来说，鞋服是人类的外壳护甲。

将功能防护鞋服按其应用的种类进行分类主要包括：

（1）耐高温阻燃防护服。该类产品的材料一般是由阻燃纤维织造的织物，或经阻燃整理后的常规纤维织物。此种材料直接接触火焰及炙热物体时，能减缓火焰的蔓延，使衣物碳化形成隔离层，从而保护人体安全与健康（图1-1）。

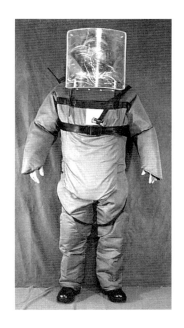

图1-1　耐高温阻燃防护服

（2）抗静电防护服。抗静电防护服主要应用于防止静电积蓄，还包括无尘服和电磁屏蔽服等。无尘服主要以涤纶长丝与导电纤维进行适当编织制成。电磁屏蔽服的原料则一般采用金属丝布，它是一种以细铜丝与超细玻璃纤维、聚四氟乙烯纤维等并捻织成的斜纹或平纹布（图1-2）。

（3）防水服。防水服是能防止水透过和渗入的防护服，包括劳动防护雨衣、下水衣、水产服等。主要用于保护从事淋水、喷溅水作业和排水、水产养殖、矿井、隧道等在水中浸泡作业的人员。传统的防水服多用橡胶涂层织物制成，不透气，服用舒适性差，新研制的防水面料如超薄型橡胶涂层透湿织物，则效果较好。

（4）防寒保暖服。防寒保暖服主要适用于冬季室外作业及常年在低温环境作业的工作人员穿用。目前应用较多的是保暖絮片作内层，以化纤面料经拒水整理后作外层的防寒保暖服。另外，针对高寒环境，人们研制出各种蓄热保暖服，可将电能转化为热能，开发出智能

 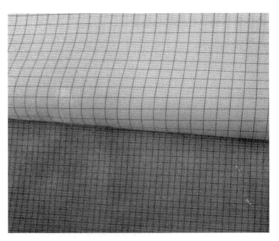

图1-2　抗静电防护服

调温鞋服，其发展趋势是以功能性保温、调温纤维作为保暖内层，以透气防水织物作为防风、防雨、透湿外层。

（5）防辐射服。此类鞋服分为X射线等粒子辐射防护服和微波辐射防护服。前者主要利用铅、钡等金属的防护作用；后者主要采用在腈纶表面形成硫化铜离子与腈纶大分子上的腈基合成分子来起到防护作用。

四、舒适性发展趋势

绿色环保、低碳节能是当今流行的话题，也是世界各地所提倡的生活方式。在功能性鞋服的制造与使用过程中，怎样有效减少损耗、降低污染是非常重要的研究课题。除了改进制造工艺、开发新型环保面料外，还要注重延长功能性鞋服的使用寿命，对鞋服进行回收再利用以节约原材料。

目前舒适性研究领域已取得一定进展，这些进展在鞋服工业领域中有着巨大的前瞻作用。现代消费市场中，满足甚至超越消费者的需求是任何一家企业想取得成功的关键。舒适性研究的工业应用是另一个极为重要的领域，提高人类长期生存、生活质量，是舒适性研究的最终目标，只有通过工业企业的有效应用，舒适性研究才能始终保持活力。

☞【课后拓展】

1. 功能性鞋服的开发需要对产品进行准确定位。针对不同消费群体及其需求进行开发。既要避免鞋服的功能性过多，导致成本价格和功能利用率低；又要避免功能性不足，达不到用户的实际需求。

2. 采用新技术、新工艺和新原料，以提高生产效率和保障产品品质。需要选择环保、无害材料。在面料的设计上除了满足功能需求外，还需要考虑舒适性问题。工艺上要引进先进的自动化生产线，充分利用计算机辅助系统进行产品的设计和制造。

3. 加强对售出产品的跟踪和调研。功能性鞋服属于一种经验性产品，消费者只有在购买使用之后才能了解产品的具体性能。企业通过对已售产品的跟踪，了解消费者的切身感受，不仅能加强对市场需求的进一步了解，及时改善产品性能，而且对消费者提高品牌的认可度有积极意义。

【想一想】
1. 列举鞋服舒适性对人们生活影响的影子。
2. 畅想未来生活需要开发怎样的功能性鞋服。

第二章　舒适性相关影响因素

【知识点】

1. 了解鞋服类材料的种类、性能特点。
2. 了解鞋楦设计对鞋类舒适性的影响。
3. 了解服装款式设计对服装舒适性的影响。
4. 了解生产工艺对鞋类舒适性的影响。

【能力点】

1. 能够辨别不同种类的鞋类材料。
2. 正确理解与鞋类舒适性有关的材料性能特点，并学会用简易材料性能测试方法对鞋类材料进行相应的性能测试。
3. 学会分析服装款式在设计时对服装舒适性有哪些方面的影响。
4. 能够针对不同鞋类工艺产品讲述其穿着使用的舒适特征。
5. 能够根据服装材料的特性针对服装舒适性选择相应的工艺处理技术。

第一节　材料对鞋服舒适性的影响

随着人们生活水平的不断提高，对自己的鞋类穿着要求也有所提高。人们在选择鞋类的时候，不仅仅局限于鞋类的款式是否美观、流行，面料是否环保、穿着是否舒适已经逐渐成为其关注的焦点。随着科技的进步，鞋服材料由纯天然皮革发展到采用人工合成的化学纤维织物。同时针对人的舒适度，在吸湿、透汗、透气、保暖、防水、防静电、清洁卫生等方面进行不断改进，使产品穿着更加舒适，甚至有益人体健康。

一、鞋类材料

（一）天然皮革

天然皮革是鞋类常用材料之一，通常是经脱毛和鞣制等物理、化学加工所得到的已经变性且不易腐烂的动物皮。革是由天然蛋白质纤维在三维空间紧密编织构成的，其表面有一种特殊的粒面层，具有自然的粒纹和光泽，手感舒适。一般制鞋常用的天然皮革包括猪皮（图2-1）、牛皮和羊皮三种。

（二）麻型织物

麻型织物指由麻纤维纺织而成的纯麻织物及麻与其他纤维混纺或交织的织物（图

2-2）。麻织物具有透气、凉爽、舒适、出汗不黏身、防霉性好等优点，是良好的夏季制鞋材料。

图2-1 猪皮皮革纹路

图2-2 麻型材质

（三）化纤织物

化纤织物是由化学纤维纺织而成的面料，其特性由其化学纤维本身的特性来决定。通常分为人造纤维与合成纤维两大门类。由化纤织物所制作的鞋服产品通常具有牢度大、弹性好、挺括、耐磨耐洗、易保管收藏的优点。化学纤维可根据不同的需要，加工成一定的长度，并按照不同的工艺制成仿丝、仿棉、仿麻、弹力仿毛以及中长仿毛等织物。

二、鞋类材料的性能特点

（一）透气性

织物的透气性是指织物透过空气的性能。夏天穿着的鞋类产品需要有较好的透气性，以加快热量的散发使鞋类穿着舒爽；而冬天鞋类织物的透气性需要适当减小，以保证其具备良好的保暖性能，减少鞋类内热空气与外界冷空气对流，防止人体在寒冷环境下足部热量过多散失，但不可不具有透气性，否则会使鞋类产品内环境过于潮湿使人感觉不适。鞋类材料按透气性不同分为：

易透气材料：在比较微弱的压差下，具有透气性能的材料，如普通的棉型织物、麻型织物及丝型织物等。

难透气材料：必须在比较大压差的条件下，才具有透气性能的材料，如皮革制品和变形纤维制品等。

不透气材料：完全不具有透气性能的材料，如橡胶制品、涂油制品、PU皮革制品等。

（二）吸湿性、吸水性和透湿性

人体皮肤和鞋类材料构成的微环境中热与水汽的传递直接影响着鞋类材料在吸湿排汗方面的舒适性。人体从出汗到鞋类材料完全排除汗液需要经历三个过程：鞋类材料吸汗，使汗液在鞋类材料和鞋类材料内表面之间有一定的分配；汗液在鞋类材料中扩散；汗液透过鞋类材料从其外表面上蒸发（图2-3）。

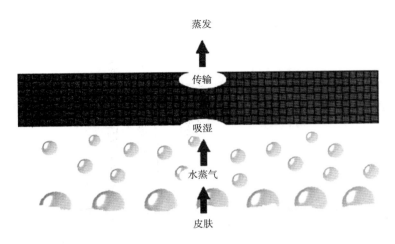

图2-3　材料透湿原理

　　鞋类材料要具有良好的吸湿排汗性能，尤其在夏季，宜选择吸湿快、传输快、蒸发快的鞋类材料，或者不同材料的组合应用实现更佳的吸湿、吸水、透湿性能。

　　1. 吸湿性

　　材料的吸湿性是指其从气态环境中吸收水分的能力。新陈代谢使人体不断地排出汗，这就要求鞋类材料特别是其内里的吸湿能力应较强，才能使人体与鞋类材料内里之间的空气层不至于过分潮湿，而让人感觉不适。

　　2. 吸水性

　　吸水性是指材料对液态水的吸附能力。在炎热的夏季，气温过高，制作鞋类的材料的吸水性就相当重要。人体出汗时，与人体接触的鞋类材料表面吸水，并将水分传递到另一侧与干燥空气接触的表面，再向空气散发汗液。其吸水能力越强，水分散发也将越快，才能使人体感到舒适。

　　3. 透湿性

　　透湿性是空气通过织物的能力。如果鞋类材料的透湿性差，就会阻碍汗液的蒸发，引起足部温度调节不均匀。穿着这样的鞋类，因为水分散发困难，鞋内潮湿，会使人感觉穿着不适。天然皮革由于具有天然的毛孔，使其吸湿和透湿性较其他材料更佳优异，是鞋类制作的首选材料。

　　（三）保暖性

　　人们在寒冷的冬季需要维持足部一定的温度，鞋类材料需要具有一定的导热、热对流和热辐射的功能，即具有一定的保暖性。

　　材料的导热系数小，保暖性好。静止空气的导热系数远小于各种纤维的导热系数，因此鞋类材料所含的静止空气越多，即体积重量尽可能小，由热传导引起的热损失就越少。此外，织物的含湿状态对保暖性也有影响，水的导热系数比纤维大，水分进入纤维和纤维间隙，将会挤走空气，使织物的保暖性能力下降。这也是为何足部出汗后会使得穿着感觉温度增高的原因。

材料在鞋类的不同部位分工有所不同，发挥各自的性能特点。通常采用三层材料。第一层是里料，一般采用天然猪皮或者吸湿性较好的织物，要求具有良好的透气性和排汗功能，确保汗气成功排到第二层。第二层是衬布，可采用热熔胶棉布，将汗气有效排到第三层，并且保持温度。第三层是面料，要求具有一定的强度和韧性，并且能有效排汗，保持足部干爽。三层鞋类材料相互配合、补充，为足部创造一个舒适的微气候。

现有鞋类产品的制造工艺，由于需要三层材料的组合，会使得原本吸湿透气的材料，在组合过程中由于黏合剂的使用，封闭了材料的吸湿透气孔，吸湿透气性能大打折扣。因此，为了实现鞋类产品的穿着舒适性，会对鞋类产品的材料进行微孔式设计，或使用点状刷胶的方式，能够较好地保留鞋类材料的吸湿透气性，从而创造更佳的穿着舒适感（图2-4）。

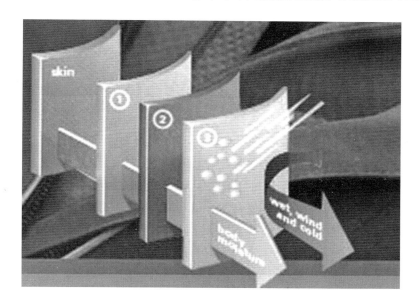

图2-4 鞋类产品三层材料的配合关系

☞【链接】简易材料性能测试方法

有时为了简便快速地对材料做出判别，可采用一些简单的方法，即不用仪器就可对材料进行简单测试，如表2-1所示。

表2-1 简易材料性能测试方法汇总表

材料性能	测试方法
防水功能	往材料上倒水，水会像在荷叶上一样成球状，将布倾斜，滴水不剩，说明材料的防水功能好；如果水被材料吸收，说明吸水性好；遇到防水透湿的复合材料，需要将两面分别测试
耐静水压	用鞋类材料的一角包住水龙头，打开水龙头至最大，不会漏出一滴水，可表示布的耐静水压的能力强
透湿功能	将鞋类材料的一角盖在打开的暖水瓶口上，2秒钟之内即可看到水蒸气跑出，说明透湿功能好；兜成凹状，倒入开水后（注意安全），如果在材料的背面马上就能看到水蒸气跑出，则可显示材料的透汗功能好

三、服装辅料与配件

（一）服装衬料

衬料是介于服装面料和里料之间的材料，它可以是一层或者几层。衬料的作用有定形服装局部、方便服装缝制、塑造服装局部挺拔等的作用，衬布性能主要体现在与面料的匹配方面。

衬料与面料的匹配性是选用衬料的重要因素。面料的性能，如厚度、伸缩性、悬垂性、耐热性与衬布的整烫有密切联系。面料的厚度与衬料的厚度成正比，秋冬服装的面料相对厚，选用衬料也相对厚；春夏服装面料较薄，选用衬料相对薄。面料弹力与衬料的伸缩性应该成正比，弹力面料相应选用弹力衬料，这样能保持面料原有的特性。面料的悬垂性与衬料的悬垂性主要表现在：柔和、飘逸的服装造型选用衬料宜相对柔软、轻薄；夸张、几何廓型的服装造型选用硬挺、厚实的衬料。衬料的纱向原则上与面料的纱向保持一致。

衬料的选择不应影响面料的原有特性，要考虑到粘衬的部位，一般很少使用全身粘衬，只在一些需要定形的部位使用，保证服装挺括、不易变形，如胸衬、领衬。在驳头、门襟边处还会使用牵条来辅助定形。衬料辅助面料进行造型，也会增加面料的厚度与重量，一般应尽可能选择轻质的衬料。

（二）服装里料

服装里料是服装的里层材料，俗称夹里布。

里料需具有滑顺的特性，即方便人的穿脱，还能保护面料、延长衣服的使用寿命。例如，人的膝盖会因人的站或坐而顶起裤子，从而影响裤子膝盖部位的面料寿命，因此有些服装会在裤子膝部加入滑顺的里料，减少对膝部的受力，延长裤子的使用寿命，保持裤型的美观。局部加里料具有针对性，但在外观上不够美观。里料要求耐磨、耐洗、不掉色，冬季服装选用厚的里料还能起到保暖、定型等作用。

选择里料时，一要注意里料的悬垂性，应比面料轻、柔软；二要注意里料的缩水率，耐热、耐洗；三要注意里料的颜色应与面料的颜色相协调，宜选用接近面料的颜色且不能深于面料的颜色，防止面料被沾色、透色影响服装外观；四要选择表面较光滑的材料，使得服装穿脱方便；主要兼顾考虑服装成本。

（三）纽扣和拉链

纽扣早期的作用是使服装衣片连接的扣件，而现在，纽扣的装饰功能逐渐超越其连接功能，成为具有重要装饰功能的服装辅料。拉链操作方便，工艺简单，也带有一定的装饰功能，也是常用的辅料之一。

纽扣和拉链的选择也是设计中不可忽视的因素。面料与纽扣要配合，轻薄的面料不宜使用沉重的纽扣，会拉坏面料。纽扣材料根据环境而定，一般要求其结实耐用，不易破碎。某些特殊场合，需要使用如大理石等具有极高的硬度与耐磨性，并且耐高温、耐有机溶剂，不会为普通浓度的酸碱所腐蚀，适合于酸性的环境，可作为高温环境、生化环境下的工作服辅料。

☞ **【链接】纽扣的小故事**

1812年，拿破仑兵败俄罗斯，法兰西帝国分崩离析，对欧洲历史影响深远，此后，关于此段历史的研究很多。加拿大卡普兰诺大学科学艺术系系主任、化学家潘妮·拉古德在其所著的《拿破仑的纽扣：改变历史的16个化学故事》中写到，变成粉末的纽扣很可能在拿破仑那场惨败中发挥着重要作用，衣服上没有扣子的法军被活活冻死。据该书披露，拿破仑大军的制服上，采用的都是锡制纽扣，而在寒冷的气候中，锡制纽扣会发生化学变化成为粉末。由于衣服上没有了纽扣，许多人被冻死，还有一些人得病而死。

锡，金属元素有三种同素异形体，即白锡、脆锡和灰锡。白锡较为常见，在13.2 ℃以上，较为稳定；然而气温下降到13.2℃以下时，则变成另一种非金属性质的灰锡。这一改变很难用肉眼马上注意到。首先，锡金属上会出现一些粉状小点，然后会出现一些小孔，最后其边缘会分崩离析。如果温度急剧下降到零下33℃时，晶体锡会变成粉末锡。现在科学家已经找到了一种预防"锡疫"的"注射剂"，其中一种就是铋。铋原子中有多余的电子可供锡的结晶重新排列，使锡的状态稳定，但在2003年，发现了铋有极其微弱的放射性。

☞ **【课后拓展】**

为了实现鞋类产品面料既防水、又透气，防水透气面料应运而生。防水透气面料，从紧密织物型、涂层防水型到现在普遍采用的粘贴薄膜型，即功能性面料发展到粘贴薄膜阶段。被用来复合到面料上的薄膜主要包括微孔膜、无孔亲水膜。薄膜的性能直接决定了鞋类整体的性能。微孔膜是一种在1平方英寸（1英寸=2.54cm）的面积上有无数个微细孔的材料，每个微细孔都比雨珠分子小，又比人体的汗气分子大，使得水无法穿过面料，而汗气可以从容地穿过。例如，有些织物设计的理念来自树木的毛细现象，如多层聚酯针织物，内层为粗支丹尼聚酯纱，与皮肤直接接触，外层为疏水性细丹尼聚酯纱，表面致密的构造能够加速排汗的效果。

☞ **【想一想】**

1. 列举你所了解的鞋服材料，从主观角度评判哪些材料穿着舒适性较好，哪些材料穿着舒适性较差？

2. 服装填充材料会对舒适性产生哪些影响？

第二节　款式对鞋服舒适性的影响

一、鞋楦设计

鞋楦是鞋子的灵魂，在鞋靴设计当中占有重要的地位。鞋楦设计的好坏直接影响鞋子的美观与舒适度。

鞋楦设计要求精准，鞋子尺码以厘米作为计数单位，而鞋楦设计则以毫米为计数单位，毫米之差都会影响鞋楦整体的舒适度和美观性。鞋子局部挤脚、穿久了脚部疲劳等，很大程

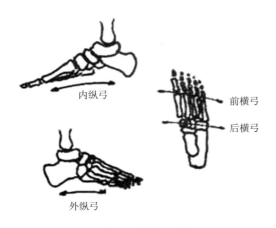

内纵弓

外纵弓

前横弓
后横弓

图2-5 脚部四弓

度上与鞋楦设计有关。在鞋子高级定制中，会量取顾客的脚型，根据顾客的脚型特征设计出只属于顾客自己的独一无二的鞋楦，再在鞋楦的基础上进行鞋款设计。欧洲国家会使用新科技进行鞋楦的设计与测试，意大利、西班牙等之所以能够一直稳居高端鞋类市场前列，主要在于他们对鞋楦设计的重视。

（一）鞋楦设计依据

脚有四弓，即前横弓、后横弓、内纵弓、外纵弓（图2-5）。脚在运动过程中，四弓发挥弹簧作用，减缓地面对脚部的反冲力。

1. 前掌凸度

设计鞋楦时，如果前掌凸度过大，长期穿用这种楦制作的鞋，将会导致前横弓韧带受损，失去弹性，使其下陷，继而引起后横弓、内纵弓下塌，形成扁平足。扁平足易使患者在长时间运动及站立中劳累疼痛。在设计前掌凸度时，要以人脚为依据，针对前跷、后跷进行设计。

前跷以脚的自然跷度为依据，成年人的前跷高度一般控制在15～18mm。前跷过高会导致前掌凸度过大，造成脚横弓下塌。

后跷太高或没有后跷的楦，人穿着时会有不舒适的感觉。后跷太高，人体重心前倾，后跷太低或没有后跷，人体会有后仰的感觉，不利于行走，对身体健康也不利。后跷的高度一般控制在20～40mm比较合适。

2. 跖围

跖骨是承受人体重量和劳动负荷的主要部位之一，又是行走时发生弯曲的关键部位，跖围及肉体的分布，将影响穿着舒适性及鞋的使用寿命。跖围过大，脚在鞋内产生移动，不利于行走；跖围过小，脚受挤压。鞋对跖围要求因款式、跟高、材料等因素影响而不同，应根据品种合理设计。

3. 跗围

跗即脚背，跗围是脚的重要围向尺寸，跗围小，成鞋会压脚面，跗围大，鞋不跟脚。穿鞋过程中，脚"前冲"的问题多是因跗围不合适、不能围住脚背所致。

4. 兜跟

在穿用高筒靴时，常有穿脱不方便、走路不跟脚或下蹲时脚踝部位受限制的问题，这是兜跟围不合适造成的。兜跟尺寸要根据鞋的款式、材料等因素来设计。

5. 头厚

楦的头厚太小，在有硬包头的皮鞋中，压脚趾，穿着不舒服。在放余量一定的情况下，头厚对脚趾的舒适性有重要的作用，因此在进行头厚设计时不能随心所欲。在穿鞋中有后跟不跟脚及卡脚的现象，造成这一问题的原因是楦后弧与脚后弧不吻合。后容差及楦斜长控制后弧曲线。后容差小，成鞋卡脚、磨脚；后容差大，鞋不跟脚，容易产生"坐帮"的问题。后容差的大小视楦的品种不同而确定。

脚具有很大变形度，可以放进不同大小和形状的鞋子中，不合适的鞋会导致足部的多种问题，容易引起腿部疲劳，从而增加滑倒和摔倒的风险。专家认为力学指标只是鞋舒适性的必要条件但并非充分条件。例如，虽然减震性能等力学指标与鞋舒适性有关，但并不是减震性能好的鞋就舒适，而鞋的合脚性即鞋楦设计是否合适才是鞋类舒适性的关键（图2-6）。

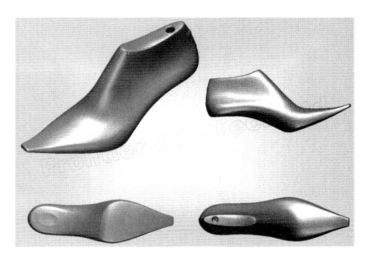

图2-6　鞋楦设计

在鞋用材料和成鞋结构与脚的舒适性要求相差不大的前提下，鞋子与脚也可以通过"磨合"来提高舒适程度。通常认为，在几何尺寸上鞋与人体足部的匹配可以使人感觉更舒服，高舒适度的鞋就是要通过制作合脚的鞋以尽量缩短甚至省去"磨合"的过程。研究表明，拇指高度、足背高度和长度、前足和后跟的宽度等指标是影响试穿者对鞋子舒适度评价的关键因素。对这些指标的个性化设计可以明显增强舒适度并提高鞋的保护性功能。例如，个性化的矫形鞋垫可以有减轻跑步造成的疲劳损伤和疼痛，并使跑步者感到舒适。

太松或太紧的鞋都会使人感觉不舒服，甚至引起疼痛和损伤。选择时，鞋的内长应比脚略大，以使脚在人体负重或运动时免于受到鞋的挤压。一双舒服的鞋的内部应该和脚完美贴合。鞋的某些部位的尺寸和形状对鞋的整体舒适性的影响是非线性的，也就是说，并不是某一部位越宽松，整体舒适度就越高。试穿者对整体或局部的舒适度感受也有差异。

实际人体运动中脚可以处于多种状态，很难使鞋完全适合各种状态下的脚型。没有一双脚是严格对称的，某些程度的不合脚是不可避免的；脚在不同状态（静坐、站立、运动及不同温度）下的尺寸和形状是变化的，而一只鞋的尺寸与形状是固定的。

充分了解人足各部位在不同状态下的长度、宽度、厚度和围度的分布是设计舒适合脚的鞋的前提。一些研究机构进行大量的足部形态测试和数据整理工作，进一步了解不同人群的足和不同运动状态下的足的形状变化特征，使鞋子制作在满足大多数人舒适感受的基础上，也能有针对特定人群和运动特点的设计。

（二）现代制楦

鞋楦设计与人体工程学、脚部运动规律、生物科技等技术相关。

随着科技的进步，计算机制楦开始逐步替代了传统制楦，完全取代手工工作。在手工修改鞋楦的过程中，我们需要运用不同的工具，如补胶机、锉刀、烙铁、砂轮等，人为情况下就会出现很多误差。而计算机修改鞋楦则按照线条的把握、数据的大小进行，这样得出来的鞋楦会更加理性。手工过程中去创造一个新的鞋楦，在很大程度上需要多次的修改和测量，甚至对新的鞋楦没有一个完全的把握程度（图2-7）；计算机创造一个新的鞋楦会变得非常简单，而且能够直观、方便地去观察新建鞋楦的优势与缺点，然后在计算机当中进行进快速修改（图2-8）。

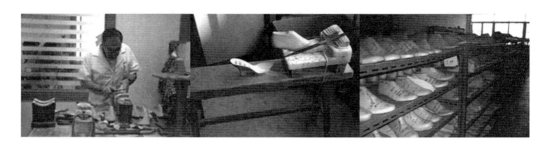

图2-7 传统的鞋楦设计、修改与存储形式

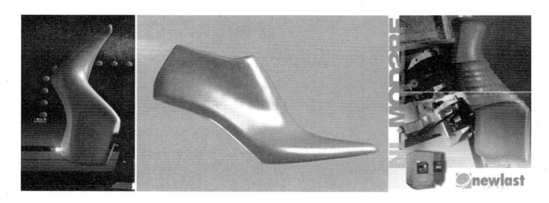

图2-8 激光扫描与鞋楦的制作

二、服装款式设计

服装的设计要素中，款式、面料以及结构等因素都会对服装的舒适性和功能性造成影响，服装工效学的原理在款式设计中给予系统、科学的指导，使其所设计的服装更符合人们穿着的需求。其中，滑雪服、运动裤、内衣、泳装等对服装的舒适性要求较高。

（一）滑雪服设计

由于滑雪运动是一项在寒冷环境中进行的体育运动，因此滑雪服的款式设计必须具备相应的保暖性和防护性。在滑雪服的设计中，根据三层着装系统对各层进行设计。最内层为基础层，其主要作用是在人体大量运动时，保持皮肤表层的干爽。内层服装要能够迅速将身体散发的湿气和汗水排到内层服装的表层，使汗水不会直接在皮肤表面蒸发，造成皮肤表面湿度因水汽蒸发吸收热量而降低。对于基本层设计，要求手感柔软，透湿速干，服装不能过于宽松，面料还需要有一定的弹性。中间层是保暖层，保暖层服装以其内部滞留的空气来维持人体体温，聚积的空气层越厚，保暖的效果也越好。滑雪服中往往设计成抓绒内胆，根据天气情况自由拆卸。最外层是隔绝层，隔绝层服装最重要的是防水、"防风"、保暖与透气，除了能够将外界恶劣气候的雨、雪、风对身体的影响降到最低之外，还能将身体产生的水汽排出体外，避免让水蒸气凝聚于中间层，使得保温效果降低而无法抵抗外在环境的低温或冷风。在隔绝层的面料选择上，需要选用透气性好，具有防水性，柔软、顺滑并且有一定的抗静电功能。

在滑雪过程中由于滑行速度快，容易使脸部皮肤被冷风冻伤，因此在滑雪服的兜帽上一般设计有防风的护脸。而对于滑雪服袖口和裤口的设计也具有特殊性。滑雪服为了防止袖口部灌风，有的款式在袖口设计成两个开口，类似于露指手套的样式。滑雪裤基本在裤口都有两层的防灌雪设计。滑雪服中还会有另附防风（雪）裙的设计，这是为了防止灌风和摔倒后雪从服装下部灌入（图2-9）。

图2-9 保暖滑雪服

（二）运动裤设计

裤装的膝盖部位和上装衣袖的肘部都要考虑运动的肢体活动的需要，根据运动姿势的特点进行立体弯曲板形的设计，除去膝窝处多余的部分，为了有效地做成膝部弯曲的形状，设置后缝接线、在臀部处做成大弧度，并在侧缝处为适应足部后伸动作设置一个省道，用省道来获得有效的活动空间（图2-10）。

（三）内衣设计

女性内衣的演变充分反映了人们对于着装舒适性需求的提高，内衣款式设计的变化更符合人体着装需求，更有益于女性身体的健康。

如图2-11、图2-12所示，16世纪的紧身衣是使用金属条和鲸骨作为塑造曲线的骨架，再用系带束紧；19世纪的紧身衣则是使用轻薄弹性布料来修形；20世纪90年代末出现了结合胸衣、束腰、束裤三种功能的调整型机能内衣，在一定程度上能使女性体型得以改善，然而塑身内衣穿着并不舒适，有捆扎感和束缚感。托胸和普通文胸一起搭配穿着的胸衣，能够起到集中、托高胸部，矫正含胸、驼背的作用。

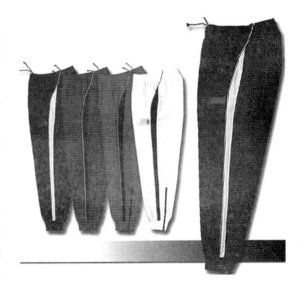

图2-10 运动裤子

图2-11　19世纪的紧身衣

（四）泳装设计

高档泳衣一般采用立体裁剪的方法，要求设计贴身以减小水的阻力，也有利于展示身体的健美。泳衣的结构设计运用面料的伸缩性与身体各部位设计量的互补，穿着舒适，无沉重感和束缚感；同时根据人体工学设计出突显人体线条、减小水的阻力的流线型服装（图2-13）。

图2-12　调整型机能内衣

图2-13　泳装

三、服装细节设计

（一）口袋设计

口袋在服装中既作为装饰，又非常实用。口袋设计为满足舒适性和功能性的需求，需要进行口袋最佳位置和最佳角度的确定。可通过实验来获得：右手沿体表向左移动，求出人体前面留下的右手中指指尖轨迹的下限；右手沿体表向后移动，求出人体后面留下的右手中指指尖轨迹的下限；右手沿体表向上移动（此时手臂、肘关节为最大屈曲状态），直至移动到后中线，求出人体后面留下的右手中指指尖轨迹的上限。

对于口袋最佳角度的确定，实验用服装的口袋角度变化范围是0°~90°，共7种，每种相隔15°，按插入和取出的容易程度分为好、较好、中、一般、差五个等级。用累积法进行统计，实验结果显示，伸插手容易的口袋位置在前中线至胁线之间的范围内，袋口倾斜最佳角度则与水平线成15°和45°最好。

为方便穿着者的使用需求，一些功能性的服装往往在外部设计上十分简洁，在服装的内部则设计许多功能多变的口袋，以满足旅行时放置手机、钥匙、钱包、护照等的需要。例如，在滑雪服设计中，为了让滑雪者收存滑雪镜、手套、手机等个人用品，滑雪服所设置的口袋多且开口大，以方便滑雪者戴着手套就可以取放物品；口袋开口处基本使用拉链密封，防止在剧烈运动时物品丢失；很多小口袋是使用柔软材料制作的，用于存放手机和滑雪镜之用；透明质地的口袋用于存放滑雪时间卡之用（图2-14）。

图2-14　服装内部口袋

摄影师的摄影背心上的口袋，是为了满足其工作需求而设计的。背心上的多个口袋可放置镜头、镜头盖、胶圈或其他物品，使摄影师在拍摄工作中能够方便拿取所需要的工具。摄影背心还具有防风挡雨的功能，可以在摄影师进行户外工作时起到有效的保护作用（图2-15）。

图2-15　摄影服装

（二）拉链设计

拉链的尺寸和位置直接影响服装的款式和穿着方式。冲锋衣和运动外套在服装的侧面各腋下都装有拉链，这是由于人们在运动时需要透气和调节体温，拉链的长度和位置需要考虑手臂的运动舒适性（图2-16）。在一些防风雨的户外冲锋衣上除了使用防水拉链以外，还会在拉链的顶端设计一个防止拉链头渗漏的拉链盖头。一些户外运动裤往往还会使用双方向拉链使运动裤具有可拆卸功能，长裤可以改变成为短裤或者七分裤，穿脱方便。

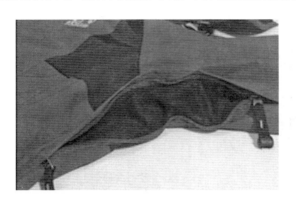 

图2-16　冲锋衣

（三）绳扣设计

作为紧固件的绳扣，常用于秋冬外套中的风衣、户外运动服中的冲锋衣等服装之中。通过绳扣可以自由调节衣服的下摆、袖口的松紧，在感觉寒冷时拉紧绳带，下摆袖口收缩，防止外界冷空气进入，保持服装内部环境的温暖。不在寒冷环境中时则可以松开绳带，外套成为宽松形式，活动更为自由舒适（图2-17）。

图2-17　绳扣

☞【课后拓展】

2～3cm的鞋跟能使足弓更趋合理，使人的臀部前收，腹部拉紧，乳房挺起，使人看上去挺拔而有生机使最舒适的鞋跟高度设计。平底鞋使人的重心过于靠后，身体需要前倾以坚持平衡，走路时有脚后跟砸地之感，震动还可传到脑部。过高的后跟则使脚趾、距骨费劲加大，并遭到揉捏，使踝、膝受力增大，腰、腹有必要大幅前挺以坚持平衡，简单致使腰、臀部肌肉、韧带劳损。久之，足趾变形，多形成拇外翻、拇囊炎。

☞【想一想】

1. 观察日常生活中所穿着的服装，哪些款式细节上的设计体现了着装舒适性的要求？

2. 影响鞋类产品穿着舒适性的因素众多，就鞋楦而言，其哪些参数设计是影响鞋类舒适性的关键。

第三节　工艺对鞋服舒适性的影响

鞋类生产工艺对成鞋舒适性同样具有重要的影响。工艺操作不当或不到位，会影响鞋的外观、穿用寿命及穿着舒适度，不同鞋类生产工艺其穿着舒适度也有较大差别。

一、鞋类生产工艺

在鞋类生产中，即鞋类产品的制造过程中会用到各项技术和操作标准。不同技术水平的制鞋人员往往所具备的技术操作能力不一，使鞋类产品的制作品质存在较大差别，为了更好地保障产品品质，在企业之中往往会对技术操作工人实行技术培训，不断训练和提升他们的操作工艺水平（图2-18）。

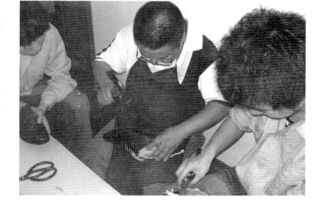

图2-18　制鞋工人操作培训

（一）鞋类生产工艺对舒适性的影响

制作工艺对成鞋舒适性的影响如下：

（1）由于部件衔接部位过厚，工艺操作中的片边未做好，造成边棱磨脚；主跟、内包头后边缘未片成平滑的坡状，有硬棱，产生磨脚（图2-19）。

（2）绷帮工艺中由于里料未抻平形成褶皱，影响舒适性（图2-20）。

图2-19　合缝处注意敲平整

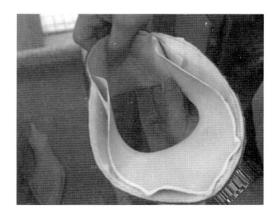

图2-20　帮面的复合

（3）面料、里料未黏合好，产生分层后使脚部活动空间减少，脚背部有受压的感觉，尤其是厚里料感觉明显（图2-21）。

（4）内底处理要与脚底有一定的摩擦力，使脚在鞋内不打滑（图2-22）。

图2-21　帮面黏合、加固

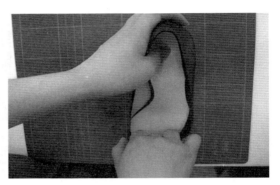

图2-22　内底的选择与贴合

（5）勾心，是鞋的脊梁，起保持鞋底弧度和稳定鞋跟的作用，对于中跟鞋、高跟鞋尤为重要。勾心安装要在分踵线上，如果角度不对，将会造成穿鞋时脚不稳（图2-23）。

（6）控制好后帮后缝高度，是在设计合理的鞋楦、后帮基础上保证后帮不卡脚、不磨脚的最后关口（图2-24）。

图2-23　皮鞋勾心安放位置

图2-24　后帮后缝高度

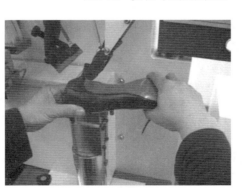

图2-25　鞋跟的组装

（7）组装鞋跟时的位置很重要，尤其对跟形小的女鞋更重要。一定要装在踵心受力位置，并且要装牢、装正，防止跟的晃动及错位对脚及人体造成伤害（图2-25）。鞋的舒适性也与穿着方式有关，如是否使用鞋垫、是否定期晾、是否换鞋以及配穿的袜子的卫生性能等。

（二）制鞋工艺

研究鞋类舒适性需要了解不同鞋子的生产工艺。

1. 线缝工艺

线缝工艺是我国的传统制鞋工艺，特点是用"线"缝合而成，鞋子的帮面和鞋底的结合是用过腊苎麻、锦纶线等通过手工或机械缝合成鞋（图2-26）。

2. 胶接工艺

胶接工艺是20世纪60年代发展起来的新工艺，此工艺制鞋具有省工、省料、优质高产的特点，这种工艺突出点是装配化生产，用胶合剂黏合，指将成型底用强力的黏合剂，通过机械的气（油）压黏合成鞋（图2-27）。

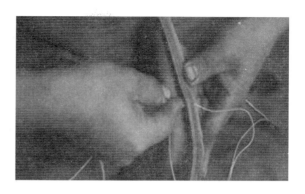

图2-26　线缝工艺

3. 硫化工艺

在橡胶中加入硫化剂和促进剂等交联助剂，在一定的温度、压力条件下，增强橡胶的物理性能，提高橡胶制品的使用寿命。此工艺在胶鞋工业生产中广泛采用（图2-28）。

图2-27　胶接工艺

图2-28　胶鞋

4. 注塑成型工艺

这种工艺的特点是用机械化生产，指用钢（铝合金）制的底形模具通过注塑机自动把定量的塑料注入模内，经高温热塑化使之与帮面黏合成鞋（图2-29）。

图2-29　注塑模具及注塑鞋

（三）打磨帮脚

帮脚打磨完成，检查帮脚打磨是否到位。在使用砂轮机打磨帮脚时，打磨的效果不仅影响产品的品质，更对产品的穿着舒适性有所影响，当帮脚打磨不平整时，鞋类复底过程难以顺利完成，多余的帮脚还会造成鞋与地面发生倾斜，影响穿着的舒适度。打磨帮脚步骤：

（1）左手抓紧后包，右手抓紧楦背（图2-30）。

（2）从鞋头平稳地往腰位处打磨，帮脚要磨平顺，刚好磨掉画线位（图2-31）。

图2-30　步骤一　　　　　　　　　　　　　　图2-31　步骤二

（3）磨完前掌换手势，左手抓紧楦背，右手抓紧后包（图2-32）。

（4）平稳地从后跟帮脚处往前掌处顺磨，帮脚要磨平顺，刚好磨掉画线位（图2-33）。

（5）打磨完成（图2-34）。

图2-32　步骤三　　　　　　　　　　　　　　图2-33　步骤四

图2-34　步骤五

☞【链接】不同工艺鞋类产品的穿着使用性能

鞋类产品舒适性除了受到加工环节工艺水平影响外，采用不同工艺制作的鞋类产品，其穿着的舒适性亦不相同（表2-2）。

表2-2　不同工艺制作的鞋类产品的穿着性能

制鞋工艺	穿着性能
线缝鞋	线缝鞋相比一般的鞋类产品，尤其是冷粘鞋，其关键工艺特征在于复底过程未使用胶水，采用线缝结合的方式将帮面和鞋底进行了牢固的衔接。因此，线缝鞋其具备的舒适特性可总结为两点：第一为清洁环保，整鞋化学材料添加较少；第二为透气性能更佳，由于没有使用胶水，势必增强了材料的透气性，同时线缝轨迹也为鞋腔的透气性提供了渠道
胶粘鞋	胶粘鞋之所以在当前鞋类行业如此流行，主要取决于胶粘鞋的款式变化较为丰富，并且生产工艺流程相对简单。胶粘鞋鞋底和帮面采用胶粘的方式连接，很多具有优异性能的鞋底均采用此技术，操作简单，鞋底功能种类丰富，是一般功能类鞋品的首选
硫化鞋	硫化鞋的舒适性能主要体现在两个方面：帮面采用帆布作为主要材料，因此其吸湿透气性能相对较高；鞋底硫化橡胶弹性较好，能够提供给穿着者较好的脚底触感
注塑鞋	注塑鞋鞋底材料一般选用聚氨酯等发泡鞋材，其与传统的橡胶材质相比具有轻质、耐磨的穿着特性，因此该工艺所生产的鞋类产品其鞋底的耐磨性能一般较好，同时由于鞋底轻质发泡，其也能够为穿着者提供较为轻便的鞋类产品，提升穿着舒适性

二、服装生产工艺

服装生产工艺对成服装舒适性同样具有重要的影响。不同的服装生产工艺或工艺操作不当、不到位都会影响服装的外观、穿用寿命及穿着舒适度。

服装工艺设计是指服装在款式设计和结构设计的基础上，对形成产品的各道工序（如衣片分配、部件缝制、衣片组装、包装及运输等）、各类工具（如电动和激光裁剪机、黏合机、包缝机、平缝机、整烫机等）的筹划。随着制衣设备的不断完善，服装的制作工艺也不断创新，使更多的服装功能得以实现，服装的穿着舒适性也由此逐步得到提高。

一般而言，以下制作工艺对成衣舒适性可能造成影响：

（一）预缩工艺

服装材料由于在生产过程中，经过织造、精炼、染色、整理等各种处理，在各道工序中所受到的强烈的机械张力导致织物发生纬向收缩、经向伸长的不稳定状态，使织物内部存在各种应力及残留的变形。这些处理虽然提高了布料的使用价值，但也随之产生一些自然曲缩、湿热收缩等不良变形特性。根据纤维和材料的不同，这些变形特性各异，因此要在裁剪前消除或缓和这些变形的不良因素，使服装制品的变形降低到最小程度，这就是材料的预缩。

若在服装缝制前不经过预缩处理，则会使制作出来的服装在穿着过程中不符合人体的尺寸。以真丝面料为例，真丝面料具有较大的缩水率和高滑度，直接影响服装水洗后成品尺寸的变化，为保证成品服装的尺寸不变，在服装制作中需要预缩，否则成品服装水洗后尺寸会收缩变小，形状变化较大，以致穿着不舒适甚至无法穿用。服装材料的预缩工艺根据操作手法的不同通常可分为自然预缩、湿预缩、热预缩和蒸汽预缩。

（二）缝纫工艺

服装的缝纫工艺主要涉及服装在缝纫过程中所使用的线迹和缝型。不同的缝纫工艺会对服装的穿着舒适性产生不同方面及不同程度的影响。

1. 缝纫线迹

缝迹要求连接布料平滑、无漏针、线迹均匀，并且不损伤布料，同时保持着合适的松量，否则会造成缝合后的服装弹性降低，穿着不适，过紧的线迹容易拉伤面料。缝迹性能要有一定的强度、弹性、耐久性、安全性和舒适性，并保持布料特有的性能，如防水性、阻燃性。

具体来讲，缝迹在平行、垂直方向上，必须与布料一样结实，并随着衣料的拉长而伸长、回缩而回复。缝迹在穿着、洗涤中须耐磨，保证线迹不磨断、不脱开。贴身衣服或内衣的缝迹不能出现不舒适的凸脊或粗糙。对聚氯乙烯、氯丁橡胶或聚氨酯涂层防水的衣料来说，缝迹针眼会引起漏水，可根据涂层的特点，采用熔结、涂抹堵住针眼。弹力针织面料的泳衣一般用针织专用设备缝制，表面迹线用链式平缝线迹，合缝用五线包缝线迹，贴边、绲边用双针、三针绷缝线迹。此外，弹力针织面料在经过缝制后，往往会产生缝纫工艺回缩，造成服装成品尺寸减小。缝纫工艺回缩率不仅受织物原料及组织结构的影响，也受生产、存放环境以及缝制工艺流程的影响。生产计划中，必须考虑到服装最终穿着。选择缝迹类型时须考虑到美感、强度、耐久性、舒适性。

2. 缝型

服装的款式、部位的不同对缝型的要求也不一样，通常一件服装会采用几种缝型。常用的缝型有平缝、分迹缝、坐缉缝、搭缝、卷边缝、来去缝、漏落缝等（图2-35）。搭缝缝迹

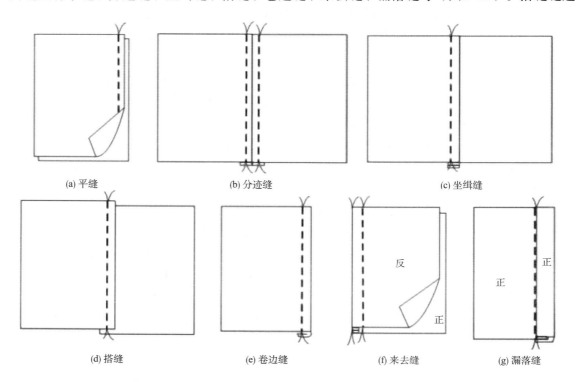

(a) 平缝	(b) 分迹缝	(c) 坐缉缝
(d) 搭缝	(e) 卷边缝	(f) 来去缝	(g) 漏落缝

图2-35　不同的缝型

强度大、耐磨，至少由两片布料组成，牛仔裤、衬衣中常用的是双针包边搭缝。对绳边材料用斜裁的方法或用弹性布料。

（三）整烫工艺

服装整烫工艺是服装工艺制作中的一个重要环节，是使用蒸汽高温将衣服不平整的部位进行工艺处理，达到外观平整和局部工艺处理后更立体、更美观的工艺过程。

整烫对于服装的最终外形起了很大的作用，能够使服装材料更加符合人体，由此提高服装穿着的舒适度。尤其是在毛织物或含毛织物制成的服装上使用，其主要工艺包括平烫、弧形烫以及归和拔。

较为重要的整烫工艺即归拔处理，其基本原理是对人体凸出部分的面料采用拔长，对人体凹进部分的面料采用归缩。主要部位有省端、领子、肩、袖窿、袖山、裤腿处。人体体表形态都呈连续的起伏状，如人体后上体，肩胛部向外凸起、腰部向里凹进、后臀部又向外凸起，呈连续的凹凸起伏状，这种连续的起伏状在人体各部位经常出现。人体体表虽然起伏多变，很不规则，但从凸凹程度看，人体体表形态大致由许多非标准的凸面和非标准的凹面所构成，凸面表现为人体体表向上突起，凹面表现为人体体表向下凹陷。凸面形态的中心部位都不同程度地向外突起，女性以胸部隆起最为明显，男性则以后肩胛骨突起最为明显。"归、拔"工艺在高档服装缝制过程中起着重要的作用。高档服装效果的优劣主要取决于"归、拔"工艺技能水平，如果掌握不好，会直接影响服装外形美观，穿着舒适和塑造服装的立体形状（图2-36）。

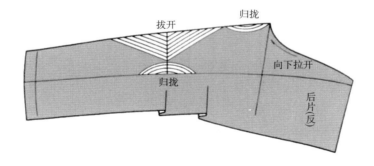

图2-36 后裤片归拔示意图

☞ **【课后拓展】**

缝制鞋子时，使用内沿条与外沿条以双重车缝的方式，将鞋面与鞋底牢固夹结成一体，能承受任何撞击和扭折。在鞋中底和大底之间形成一个空腔，可以与潮气隔离，又铺设了一层软木，从而保证皮鞋的最大透气性。

☞ **【想一想】**

1. 鞋类生产工艺对穿着舒适性有哪些影响？

2. 制鞋工艺有哪些？其特点分别是什么？

3. 现有胶粘工艺如此流行，究其原因是什么？

4. 为什么服装材料通常需要预缩？

5. 服装线迹的种类有哪些？常用的缝线类型有哪些？

6. 归拔工艺的原理是什么？什么时候进行归烫？什么时候进行拔烫？

技术篇

第三章　运动生物力学

【知识点】

1. 了解人体的基本构造。
2. 了解人体体型分类。
3. 了解人体部位与服装结构的对应关系
4. 了解人体与舒适性的关系。
5. 了解人体运动的特征。
6. 了解人体形态变化与舒适性。
7. 了解人体运动的观测方法。

【能力点】

1. 掌握国标体型划分类型及标准，并能够知道特殊体型的类型，及不同性别、不同年龄人体的体型差异之处。
2. 掌握与相应鞋服部位对应的人体体型的形态特点。
3. 掌握不同足型穿鞋舒适性在现有技术下的常用方法。掌握在实际服装设计与打板中，根据人体体型各因素进行舒适性设计的方法。
4. 学会用摄影观察法和视频追踪法对人体的运动进行观测。

第一节　人体基本形态

鞋服设计以人体结构为根本依据，是以人体为原型，附着在人体上且具有一定空间厚度的状态，因此人体体型是研究鞋服结构及其穿着舒适性的根本依据。人体体型主要是指人体的外形，以及影响外形的骨骼和肌肉。人体体型会随着性别、年龄等不同而产生差异，人体各个部位的形态对相应部位鞋服的结构设计起着重要作用，只有对人体的形态进行准确地把握，才能设计出结构合理、穿着舒适的服装。

一、人体的基本构造与体型分类

（一）人体的基本构造

从外形上看，人体主要分为头部、颈部、躯干和四肢（图3-1）。骨骼是组成脊椎动物内骨骼的坚硬器官，其功能是运动、支撑和保护肉体。骨与骨之间一般用关节和韧带连接起来。

人体各种各样的运动，从日常生活中简单的举手投足到生产、劳动和体育运动各种复杂的技术动作，无一不是通过以骨骼为杠杆、以关节为枢纽、以骨骼肌为动力来实现的，人体运动的执行体系是由骨骼、骨联结和骨骼肌三部分组成的。了解人体的基本构造将是服装结构合理设计的重要基础。

由于服装与人体的皮肤是直接作用的关系，皮肤便成了肯定或否定服装价值的首要媒介，它与服装的舒适性密切相关。皮肤除了具有能与周围环境建立热适应，有冷、热、痛、痒感觉，对骨骼、内脏器官起保护作用，适应运动等作用以外，还具有弹性，在服装设计中要考虑到面料与皮肤接触的部位应具有拉伸性，且面料的弹性要略高于皮肤的弹性，否则会使穿着具有牵引和压迫感。

（二）人体体型

1. 体型分类

人有性别、年龄和人种不同之分，其体型会产生差异。我国现行的服装号型标准根据人体胸腰差，将我国人体体型划分为Y、A、B、C四种体型（表3-1）。

①Y型：指瘦体，胸腰差大，体型纤细。

②A型：指标准体，身体形态匀称，既不消瘦也不肥胖，是服装制作时的参考体型。

③B型：指较胖体，形态偏胖，体重较重，皮下脂肪厚，胸部宽厚。

④C型：指胖体，属于肥胖体型，胸腰围接近，腹部突出。

表3-1 男子、女子体型分类　　　　　　　　　　　　　　单位：cm

体型分类代号	Y	A	B	C
男子	17~22	12~16	7~11	2~6
女子	19~24	14~18	9~13	4~8

人体体型还会由于性别不同而产生差异，男女体型差异主要是骨骼结构的不同所引起的。男性的骨骼通常要大于女性；男性脊柱弯曲程度比女性小，肩部较宽，臀部较窄，胸部较厚；女性肩部较窄且略下倾，臀部较大，胸廓小，有乳房；另外，皮下脂肪厚度及脂肪层在身体上的分布，男女也有明显差别（图3-1）。

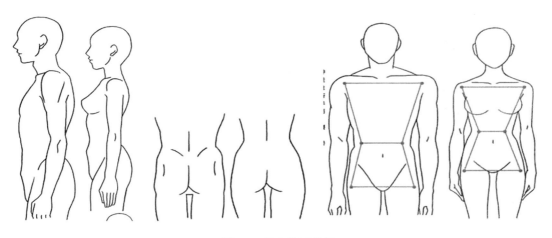

图3-1　男女体型差异

随着年龄的增长，人体体型比例将会发生变化，年龄越小，头部所占的比例越大。3~5岁的身高为4头长，6~8岁为5头长，10~13岁为6头长，16岁接近成人的7.5头长，25岁以后一般不再生长。而老年人的体型随着生理机能的衰落，各部分关节软骨萎缩，脊柱弯曲使得身高比青壮年时要矮，胸廓外形变得扁平，腹部增大且松弛下垂，背部浑圆（图3-2）。

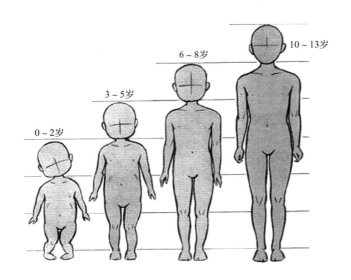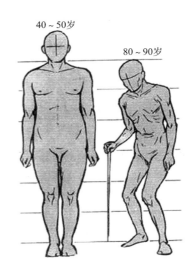

图3-2　不同年龄的体型差异

2. 正常体和特殊体

通过对人体体型的全面分析，可以将人体体型分成正常体和特殊体。正常体通常指人体各部位的长度和围度符合正常比例，骨骼和肌肉发育相对平衡。特殊体则是相对正常体而言的非正常体型，尽管这一类人群仅是小部分，但随着人们生活水平的日益提高，饮食结构的不断优化，特殊体型的种类和数量也逐渐发生着变化。针对特殊体型人群进行体型分析，并合理设计服装，满足特殊体型人群对着装舒适性的需要将是未来个性化服装发展的重要方向。

常见的特殊体型有：

①挺胸体：胸部前挺，饱满突出，后背平坦，头部略向后仰，前胸宽，后背窄。穿上正常体型的服装，就会产生前胸绷紧，前衣片显短，后衣片显长，前身起吊，搅止口等现象。

②驼背体：人体背部突出且较宽，人体头部前倾，胸部单薄。穿上正常体型的服装，前长后短，后片绷紧起吊。

③凸肚体：腹部向前突出，人体腰部中心轴向后，臀部突出不显著。穿上正常体西裤，会使腹部绷紧，腰口线下坠，侧缝袋绷紧。

④凸臀体：臀部丰满，人体腰部中心轴向前。穿上正常体西裤，会使臀部绷紧，后裆卡紧。

⑤平臀体：是指臀部平坦，穿正常体西裤，会出现后缝过长并下坠的现象。

⑥溜肩体：两肩向下塌。穿上正常体型的服装，会使两肩部位起斜褶，出现止口搅等

现象。

⑦平肩体：两肩端平。穿上正常体型的服装，就会使上衣肩部拉紧，止口豁开。

⑧冲肩体：肩型弯曲向前，前肩凹进，后肩隆起，通常见于女性。

⑨高低肩：指左右两肩高低不一，穿上正常体型的服装较低一侧的肩的下部出现皱褶。

⑩O型腿：其特征是臀下弧线至脚跟呈现两膝盖向外弯，两脚向内偏，下裆内侧呈椭圆形，穿上正常体西裤，会形成侧缝线显短而使侧缝向上吊起，下裆缝显长而使其起皱，并形成烫迹线向外侧偏等现象。

⑪X型腿：其特征是臀下弧线至两膝盖向内并齐，两脚平行外偏，膝盖以下至脚跟向外撇呈八字形，穿上正常体西裤，会使下裆缝因显短而向上吊起，侧缝线则因显长而起皱，裤烫迹线向内侧偏。

二、服装结构与人体各部位的关系

（一）颈部

颈部是人体头部与躯干的连接。颈部外形为上细下粗的圆台形，其横截面近似圆形，且呈前低后高的斜面，侧面观看向前倾斜。颈部的结构特征，决定了领子成型后的锥度和外观造型。

将前颈点、侧颈点和后颈点连接，所形成的颈根围线后高前低、后宽前窄、后平前弯，这关系到领口位置的设置，决定服装造型是否美观，穿着是否舒适。衣领附着于颈部四周，此时需要考虑人体颈部的活动，否则会造成活动障碍而影响穿着舒适度。颈部的运动主要有前屈、后仰、回旋、侧屈等，颈部能够旋转，但运动幅度并不大。一般常用的领子，前面较平坦，不妨碍颈部的前屈运动，挡住喉咙的领子对运动来说是不适当的。

（二）肩部

人体肩部呈倾斜状，俯视角度为略向前的弧形。男性与女性的肩部形态有较明显的差异。通常女性的肩斜度为20°，男性的肩斜度为18°，由于人体肩部倾斜度不同，上装落肩的大小也不一样。另外，由于肩前面锁骨后弯处的胸大肌和三角肌相连处的间隙形成锁骨下窝，使肩部形成两侧高、中间凹陷的表面特征。而肩的后面则相反，强健的斜方肌连向三角肌，使得肩后方形态圆润丰满。这是前肩斜度大于后肩斜度的主要原因，另外也是前肩线外弧、后肩线内弧形成的主要原因（图3-3）。

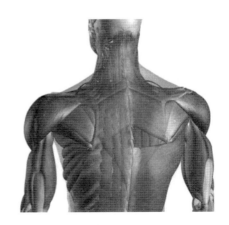

图3-3　人体肩背部

对于偏移量较大的运动，服装往往无法做到完全跟随肩部运动，因此会导致服装大幅度被吊上去。肩部的活动越大，服装的压迫感也将越大。要使服装能跟随肩部活动，需要在服装的结构和材料上做适当的组合。例如，在适当范围内，使肩端带有间隙量，以使服装的肩端浮起。如此，随着上肢的运动，虽然服装肩端上吊，但朝颈侧方向避开，可减小牵引引起的压力。

（三）胸部

胸部是人体躯干最为丰满的部位，是胸部尺寸测量的依据，也是服装结构设计的重点。男性胸大肌发达，胸部较宽，胸腔亦大；而女性胸部隆起，呈圆锥状，是上衣胸部的着力点，胸腔较男性要小。为了满足穿着合体性和舒适性的要求，在服装胸部造型设计之中需要充分了解人体胸部特征，上装的设计要根据不同程度的胸高用不同的省道与褶裥的形式来实现。而男装则采用劈门的形式来实现。

（四）腰部

人体腰部是躯干最细的部位，是胸部与臀部的连接。人体腰部最细处在静止状态下并不是水平的，而是呈前高后低的状态。人体腰部的运动主要是向前运动，因此，为了使服装符合人体的形态特征，腰部进行收省处理时往往在后腰处进行加长。另外，由于腰部是身体活动范围最大的部位，衣片进行收省处理时需要留有一定的放松量，否则过紧的收腰处理将不利于腰部的运动，束缚感过强导致穿着不舒适。

（五）腹部

腹部是指胸廓以下，耻骨以上的部位，腹部的高度略低于胸部，处于贴体不实的状态。一般情况下人体的腹部突出，但不是很明显，但对于体态较胖的人来说，腹部突出明显，使得服装在腹部紧贴人体，产生不舒适的感觉，此时需要将腹围的尺寸考虑进服装结构设计之中。例如男士西装中，腹围尺寸是一项非常重要的指标。

（六）臀部

人体的臀部肌肉及脂肪丰厚，富有弹性，外形浑圆。女性臀部较翘，一般比男性的后臀更为丰满，侧臀更加外突，臀峰要比男性低。为适应男女体型的不同，以及满足运动的需求，在制作裤子的时候，要合理运用凹凸、起皱、收省等方法，掌握与髋、膝、踝三大关节的活动范围，使人体与服装趋于合体，同时也要增加适当的放松量，从而使裤子的穿着更具舒适性。

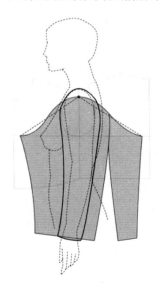

图3-4　合体两片袖与人体手臂的关系

（七）手臂

在时装变化中，袖子占有很重要的位置，是服装上衣的三大基本部件之一。袖子的结构设计离不开静态和动态的人体。静态时，人的上肢自然下垂，因长期向前的动作，手臂会在肘部略向前倾斜，因而袖子要有一定的前倾弯度（图3-4）。手臂的动作在肘部变化较大，因此合体袖要有袖肘省，一般在后袖部分设计袖肘省和袖衩省，以满足肘部的运动量。

第二节 人体与舒适性

服装是人体的包装，设计鞋服的根本依据就是人体，适体性是以舒适性为依据的设计。

一、足型与舒适性

鞋类产品的形态设计与足部形态越接近，在一定围内束缚足部，舒适性水平就越高。这里并不是说鞋类产品与穿着者脚的形态越一致，舒适性就越高。实际上，鞋作为人类足部保护的一个装备，它一定是在某个范围内束缚、约束我们的脚，也就是说鞋一定要具有一个包覆、包裹的作用，基于此功能之上，才能提高穿着的舒适性。

现有鞋类产品在足型与舒适性方面还存在一定的弊端，其工业化生产模式，使得鞋类产品很难在形态上完全符合穿着者足型，因而造成有的人特别符合形态，舒适性较高，有的人不合脚。为了解决以上问题，可以通过楦型的优化、材料的优选，创造能够自动调节鞋腔空间的产品，弥补舒适性的不足。例如，系带结构、魔术贴结构，都是允许人在穿鞋时根据脚的舒适性的需要，对其松紧度进行适度地调节，以增加脚和鞋子的形态匹配（图3-5、图3-6）。

图3-5 系带结构设计

图3-6 魔术贴结构设计

（一）足型分类

1. 按脚趾的形态来分

（1）埃及脚。特点：整个脚趾的形态由大脚趾向第五脚趾长度递减，大拇指比其他脚趾长，脚趾呈现一个斜度。这种脚型最普遍，大部分的亚洲男性都属这类脚型。大拇指长在挑选鞋品时要特别注意，鞋头窄、尖的鞋子容易让大拇指受到挤压而变形，如图3-7（a）所示。

（2）罗马脚。特点：大脚趾、第二脚趾、第三脚趾几乎等长，而第四脚趾和第五脚趾稍短。这类脚型较少见，四方较宽厚，也称正方脚。但罗马脚型更能衬出方头鞋的时髦感，如图3-7（b）所示。

（3）希腊脚。特点：第二脚趾要显著长于其他脚趾。一种常见的足前部异常，其原因主要是第一跖骨与第二跖骨相比，长度小于正常的比例。这种异形会导致多种伤害，如背痛、腰痛、骨盆不正等，如图3-7（c）所示。

（4）德意志脚。特点：大拇指要明显长于其他脚趾，如图3-7（d）所示。

（5）凯尔特脚。特点：第二脚趾最长，第三脚趾其次，大脚趾第三长，第四脚趾和第五脚趾最短，如图3-7（e）所示。

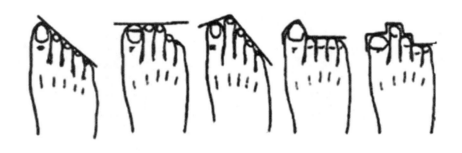

(a) 埃及脚　　　(b) 罗马脚　　　(c) 希腊脚　　　(d) 德意志脚　　　(e) 凯尔特脚

图3-7　按脚趾形态分类

2. 按足弓高低来分

（1）高弓足。高弓足脚底印表现为前脚掌与脚后跟是独立存在的，脚的中间脚底印没有。高弓足人群脚底的承重集中在前掌与后跟两处，并且因为脚掌易内翻导致踝关节稳定性差，抵御运动损伤的能力大幅降低。且高弓足往往还伴随着脚背偏高，在穿鞋时对于脚背的压力过大易造成不适，如图3-8（a）所示。

（2）正常足。正常足人群前脚掌和脚后跟是通过足弓进行前后连接，如图3-8（b）所示。

（3）低弓足。低弓足人群的脚弓接触地面的面积要明显较正常足大，如图3-8（c）所示。

（4）扁平足。整个脚掌与地面接触面积近似一个矩形，也就是说本应该凸起的足弓全部下榻下来，足弓消失。扁平足因为足弓塌陷，失去了部分稳定平衡的功能，脚掌易外翻，且因为足弓低平，脚掌会长期受到鞋底曲线的挤压，运动过程极为不适，如图3-8（d）所示。

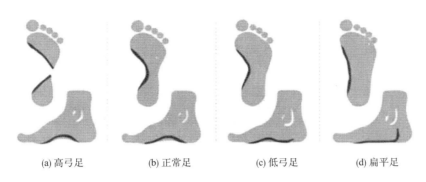

(a) 高弓足　　　　(b) 正常足　　　　(c) 低弓足　　　　(d) 扁平足

图3-8　按照足弓高低分类

（二）不同足型的穿鞋舒适性需求

对于不同脚趾形态的人群的楦头设计，其鞋头部位所需要的空间和长度会不同，因此，现有的鞋类产品为了实现与穿着者脚趾的形态匹配，可以设计成方头型、圆头型或斜圆头型等不同的鞋楦头类型。通过楦头的变化设计开发不同的鞋类产品满足不同脚趾形态的人穿着，并注重外观的美观性（图3-9）。

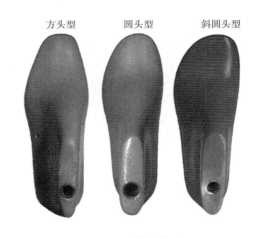

方头型　　　圆头型　　　斜圆头型

图3-9　楦头类型

对于不同足弓类型的人群的鞋类产品设计，可以采用具有校正功能的鞋垫，或在鞋底上，尤其是运动鞋的中底上，进行一个多密度的选择设计，满足不同足弓类型的人脚内外翻的穿着需要，通过这样的设计来弥补不同足弓类型的人在运动上的不便。

（三）提高不同足型穿鞋舒适性的常用方法

1. 量脚定制

量脚定制主要有两种方法：第一，采用机械设备进行足部扫描；第二，采用手工测量的方法把脚印画下来，把脚的维度测量出来。通过脚的三维形态的获取，采用特殊工艺，把鞋子制作得符合穿着者的形态。这个技术的确解决了现有鞋类产品与穿着者脚型不符的问题，但是量脚定制过程较长、操作工艺较复杂，价格较昂贵，因此在整个消费者和消费市场当中，推广和应用并十分理想（图3-10）。

2. 帮面材料优选

合适的帮面材料可以提高鞋的适脚性。如图3-11所示，荔枝纹皮革柔软度较佳，不同足型的人穿着之后，可降低过硬的帮面对脚的束缚，在一定程度上可以满足不同足型的人的穿着需要。

全网布的设计同样也可降低帮面对脚的束缚，提高脚与鞋的匹配程度（图3-12）。

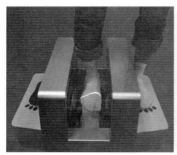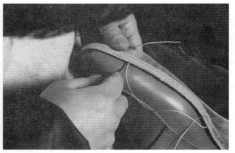

图3-10　量脚定制

图3-11　荔枝纹皮革帮面　　　　　　　　　　图3-12　全网布帮面

3. 鞋垫设计优化

通过垫底的优化设计，也可提高足底与鞋的匹配程度。在运动鞋设计领域有一个共识，鞋垫的设计往往是舒适性的关键。如图3-13所示，这两副鞋垫与平时穿的扁平的鞋垫不同，其立体的形态结构可满足不同足底形态的人群的足底舒适性需求，可以实现良好的接触和支

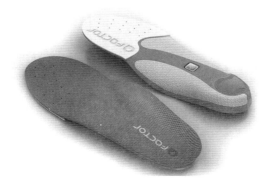

图3-13　三维立体鞋垫

撑效果，从而提升舒适性；同时当鞋底支撑结构材料密度发生变化的时候，又可以发挥支撑、稳定等作用。因此，鞋垫设计的优化同样可以提高鞋类产品的舒适性。

二、人体体型与舒适性

服装的适体性，从狭义上来说，指的是既要使服装符合宽松人体的要求，又要使体型得到最佳体现。从广义上来说，服装的适体性除了具有适当的宽松量以外，在同一尺寸范围内能尽量多地适合多数人的体型，还需要有一定的功能性，即在静止时不产生褶皱、缩紧或松弛，具有适宜的覆盖率，且便于人体活动，在人体活动时不变形，在人体活动结束后具有迅速复原的良好性能。

（一）服装结构设计对适体性的影响

制作适体合身的服装需要合理的结构设计，以人体尺寸为依据，板型符合人体结构，造型美观，可达到修饰人体的目的。合体的服装不仅有审美上的意义，还能增进人的健康。合体性差的服装，会造成一定的不舒适感，如不合体的文胸，在运动时会对乳房韧带形成拉伤、乳头摩擦受损等伤害。不同性别和年龄的合体服装结构有所不同，设计时要因人而异。

1. 省的设计

人体是凹凸不平的曲面，女性身体曲线尤为明显，加之女性乳房外凸形成了前侧丰满。为使胸部周围的面料与人体体表相贴合，女性服装中的结构处理较为重要。而服装的曲面是通过省的缝合实现的，所以服装的结构设计很大程度上就是省的设计。

从设计角度着眼，既有省在外形上的区别，也有位置上的区别，还有数量上的区别。

省的形状依据贴体程度而定，不是所有的省其两边都是直线，应根据人的体型设计成有弧度、有宽窄变化的省（图3-14）。不同的曲面形态，不同的贴体程度，可选择与之相适应的省的形态。省的设计与人的体型有一定的关系，如肩省更适合用于胸围较大的体型，而胸省或腋下省更适合于胸部较扁平的体型。

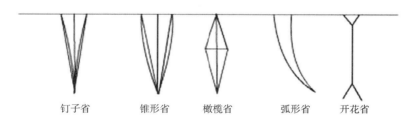

钉子省　　锥形省　　橄榄省　　弧形省　　开花省

图3-14　省的形状

为了更好地使服装面料符合人体，需要根据面料的特性来设计省的结构。一般省端点与人体隆起部位相吻合，由于人体曲面变化是平缓而不是突变的，因此实际缝制的省端点只对准某一曲率变化最大的部位，而不是完全置于曲率变化最大点上。这样，当服装穿着于人体时才能够体现出自然的过渡。此外，省尖角度越小，收省后的省尖部位就越柔和、平复。

省道转移可以解决松量、余褶量过多的问题。例如，胸省可以分三处转移，下摆、前中线、袖窿处等，尤其贴体服装，更加适合这种方式。

2. 松量的设计

服装结构中的松量使服装在人体或静态或动态，都让人感觉舒适，同时能体现服装外形美观。松量包括形态松量、舒适松量、表现松量三种。服装的舒适量有静态舒适量，即服装穿着时与人体之间必要的透气空隙和非压力空隙；动态舒适量，即人体运动时，服装各方位所牵引的量。形态松量是人体在进行工作、运动等各种活动时所需要的空间。人体尺寸的改变，是形态松量的主要依据，很大程度上制约着服装结构功能性的设计。舒适松量满足人体的基本运动和生理需求，如呼吸量、皮肤弹性等。根据季节和服装品种的不同，各部位的松量也有所不同（表3-2、表3-3）。

表3-2　根据服装贴体度不同季节、不同面料加放量的变化　　　　　单位：cm

服装贴体度	季节	机织面料加放量	针织面料加放量
紧身	春夏	4~6	2~4
	春秋	6~8	5~7
	秋冬	8~10	6~8
合身	春夏	6~8	4~6
	春秋	10~12	8~10
	秋冬	12~14	10~12
较宽松	春夏	10~14	8~14
	春秋	14~18	12~16
	秋冬	16~20	14~18
宽松	春夏	16~20	16~20
	春秋	20~24	20~24
	秋冬	22~30	22~30

表3-3　根据服装品种不同胸围松量的变化　　　　　单位：cm

服装	松量
衬衫	18~20
夹克衫	20~22
西服	16~20
两用衫	20~22
运动服	20~30
滑雪服	35~50
中山装	18~22
中长大衣	25~28

要根据服装款式及穿套衣服的件数不同，设计服装的松量。穿在最外面的服装，其松量在胸围、袖窿围、臀围、腰围等部位，都应该有所减加。

（二）服装材料对适体性的影响

服装材料与服装适体性有着密切的关系。轻薄飘逸的材料不适合用于严谨的结构设计，挺括厚重的材料更能体现人体曲线。例如，皮具有保暖性，在寒冷的冬季，皮装要比厚厚的羽绒服更加轻便、合体。

若服装材料选用具有弹性的面料，则能够使服装适应人体形态变化，方便穿脱，缓和运动的阻力，而且有助于体现人体的线条。弹性面料的应用包括三类：运动衣类，如网球衫、运动衫、游泳衣、滑冰服等；贴身衣类，如短袜、长筒袜、贴身内衣、T恤等。

（三）服装适体性评估

1. 定性评估

定性研究通常将适体性与服装款式的改变结合在一起。评估者对几套服装的款式进行判断和评分，一般包含考虑服装能否同躯体平滑、准确地贴合在一起，服装接缝是否符合人体的自然线条等。定性研究的缺点是得到的信息准确性较低。尽管人们普遍认为服装适体是服装具有良好外观形态的一个重要因素，并且一些研究工作也表明了评估者们试图使适体性问题规律化，但是由于服装穿着于人体后，其形态变化复杂，因此对服装适体性的研究进展有限。

2. 定量评估

为了更好地从量化角度研究服装的适体性，研究者们使用了人体测量技术，从不同角度拍摄人体体型分类照片，然后从数据中勾勒出人体的二维轮廓图，根据所获得的肩斜、胸部角度等体型信息进行款式设计的完善。近年来，三维人体扫描技术不断发展，出现如Loughborough人体测定侧影扫描仪、NKK激光扫描系统、TC2三维扫描系统及三维自动款式制作系统等测试技术，通过这些非接触式的测量时段能够更为简便、高效、准确地获取服装与人体的外形数据，为服装的适体研究带来了巨大的进步。但这些方法相对来说较为昂贵、过程较为复杂。

第三节　人体运动与舒适性

运动是人的基本生理特征。服装需要满足人们各种运动行为的需要。不同的生活和工作环境下，人们的动作状态也有所不同。因此，在设计鞋服时，首先应该掌握在相关情景下，人的基本动作特征。

一、人体运动

人体机械运动受人的意识支配，是思维这一高级运动的外部表现和直接目的；人体机械运动受到中枢神经系统等生物学因素的控制、调节和制约。由于人体结构是多环节的链式机构，因此人体机械运动表现出多样性和复杂性，为了达到预定目标所进行的运动方式

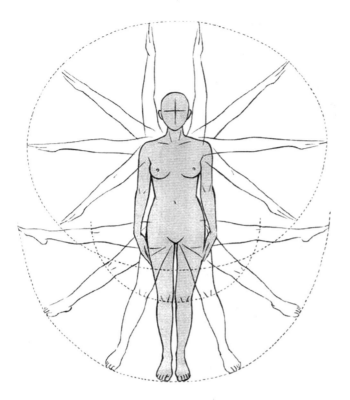

图3-15 人体运动的规律和范围

并不是唯一的。同时，人体在运动过程中，既受到自身生物学因素的制约，又受到力学因素和运动规律等的制约（图3-15）。在体育运动中，存在着合理的和最佳的人体机械运动形式，即合理的动作技术原理和最佳运动技术。

人体是非常复杂的，人体的运动也是复杂的。如果将人体进行不同的简化（即质点或刚体），那么人体的运动形式将不同。将人体简化为质点，人体的运动形式有直线运动（包括匀速直线运动和变速直线运动）、曲线运动（包括斜抛运动和圆周运动）；将人体简化为刚体，人体的运动形式有平动、转动和复合运动（平面运动）三种，如走、跑、滑冰、滑雪、骑车、跳水等都是复合运动。

质点是指具有质量，但可忽略其大小、形状和内部结构而视为几何点的物体。由实际物体抽象出力学简化模型，这样可为分析人体动作提供方便。人体是有一定质量、一定大小和形状的有机体。一般来说，如果不涉及人体的转动和形变，只研究人体平动部分，就可忽略它的形状和大小，把人体或器械简化为质点。例如，马拉松跑运动员从起点出发到终点，人体的大小远远不及所跑的距离，从运动方面忽略了转动与形变运动，从人体方面忽略了它的大小，就可以把人体简化为质点。有时要了解人体某一环节如手或足的运动状况，也可把它们看作质点，了解人体运动过程中手或足的运动轨迹。

刚体是由相互间距离始终保持不变的许多质点组成的连续体，既考虑物体的质量又考虑物体的形状和大小。研究人体整体运动或环节整体运动，可忽略人体或环节大小和形变，把人体或人体环节抽象为刚体，即人体或人体环节具有大小和形状，受力后具有大小和形状不变的性质。人体由各环节组成，如把各环节简化为刚体，那么整个人体可视为多刚体。在划分人体环节时，具体问题需具体分析。

人体的一切运动离不开肌肉的收缩，人体借助骨骼与关节的密切配合，产生了形体的无穷变化以及移动。在一个年龄阶段骨骼与关节是固定不变的，运动改变的是关节活动的角度和速度，制约关节活动的因素是肌肉的收缩与舒展（图3-16）。没有关节的活动，人体是无法进行运动的，没有肌肉的收缩就无法产生我们移动所需的能量。

图3-16　肌肉的收缩与舒展

二、人体运动的特征

运动特征是指物体的运动在空间和时间等方面所表现出的差异特征，包括空间特征、时间特征、时空特征。

（一）空间特征

空间特征是表明人体在运动时的空间位置以及描述人体运动的范围。内容包括：

（1）轨迹：即质点运动的路径。将在一定空间内用坐标轴确定的质点空间位置点依次连接起来，就是质点的运动轨迹。通常把人体或器械的重心点作为质点，重心运动轨迹就是人体或器械的运动轨迹。

（2）路程：路程是指人体从一个位置移到另一个位置时的实际运动路线的长度。它是一个标量，只有大小，没有方向。

（3）位移：位移是指人体运动的起始点到终止点的直线距离。它是一个矢量，既有大小又有方向。

路程只表明人体实际运动轨迹的长短，并不表明运动的方向。在跑步中，人体运动的长度都是按路程度量的，以完成规定的路程所需时间的确定。位移严格地表明人体在某方向上位置的变化情况，包括自体位移和他体位移。人体整体相对外界环境空间时间的位置变化，称自体位移，如走、跑等；由人体局部位移引起某一种器械或他人发生位移称他体位移，如踢球使球发生位移，交际舞使他人发生位移。

（二）时间特征

时间特征表明运动是如何发生的，揭示运动性质，即用运动所消耗的时间来补充空间特征。时间特征包括时刻和时间两个量：

（1）时刻：是人体空间位置的时间量度，是时间上的一个点，它用于记录运动的开始、结束和运动过程中许多重要位相的瞬时。

（2）时间：是运动结束的时刻与开始时刻之差值，运动持续时间是运动始末两个时刻之间的时间间隔。

（三）时空特征

人体运动时，要用运动学的方法确定人体在空间位置的变化，而这些变化又必然与时间不停流逝密切相关，表现出人体运动中的时空特征。

描述时空特征的指标有：

（1）速率：是指人体运动所经过的路程与通过这段路程所用的时间之比，是描述人体运动快慢程度的物理量，只有大小没有方向。

（2）速度：是指人体所经过的位移与通过这段位移所用时间之比，是描述人体运动快慢的物理量，既有大小又有方向。分为平均速度和瞬时速度。

（3）加速度：是指变速运动中描述速度快慢的物理量。分为平均加速度和瞬时加速度。

图3-17 跑步中的人体重心

三、人体运动的观测

运动中的人体观测首先应明确观测项目，是四肢的协调，还是身体的弯曲，跑步中的人体重心会因人的不同动作而有所不同（图3-17）。

观测人体运动要确定观测对象及观测坐标系。坐标系指设置在参考系上的数轴，是参考系的数学抽象。它在性质上起着参考系的作用，而在数量上又能精确描述。其三要素是坐标原点、坐标方向及单位。在人体运动的研究中，最常用的是直角坐标系。常用的直角坐标系有三种：

一维坐标系：直线运动，沿着一个方向运动，如一百米跑、游泳等。

二维坐标系：在一个平面上运动，如跳远。

三维坐标系：在立体三维空间运动，如花样滑冰。

人体运动观测参数包括：人体或人体标志点的运动时间、空间位置，速度、加速度，人体各环节的转动角度，角速度，角加速度等物理量。

相对于静态的人体，动态的人体比较难以观察和准确把握，常用的观测方法有摄影观察法和视频跟踪法。摄影观察法是从各个角度拍摄被观察者的运动，如跳跃、翻腾等在静态中难以捕捉的运动状态，再根据标记点对图片进行分析（图3-18）。视频跟踪法是应用视频对人体的运动进行跟踪、捕捉和分析。

图3-18 摄影观察法

人体运动属于非刚体运动的范畴，具有高度的非线性特点。在复杂运动情况下，可采取被测者穿着紧身衣、用MLD（Moving Light Display）标注关节点，观测人体所做的运动。人体运动信息实时采集最常见的方法是利用红外摄像，采用测角仪或采用图像动态采集技术和标志点自动识别跟踪法，在被测关节或肢体特定部位安装特定颜色和形状的标志点，可以得到关节的空间位置及其分析结果。

着装人体与裸体状态有所不同，服装会对人体活动造成一定程度上的制约（图3-19）。

图3-19 着装人体的动作

因此，服装设计时不能仅仅依靠裸体状态下的数据，也包括计算机建立的裸体状态人体模型。还需要利用视频捕捉系统，在得到着装影像的基础上加以分析。

☞【课后拓展】

随着人们对服装个性化需求的逐步提高，服装的设计与制作正日益关注服装的舒适性和合体性。对于高档的服装来说，量身定制的服装不仅能给客户带来高贵感和个性，其更加符合人体体型的特点，提高舒适性。

批量定制服装生产方式也称为单量单裁（MTM，made to measure）生产方式，是针对个体进行的服装生产。所谓MTM系统即是为了个体设计所需款式，样板及制造的技术装置总称，该系统的流程主要包括：对客户进行三维扫描测量；自动计算所测数据并转化为服装尺寸；根据已有的号型规格进行号型归档；按照客户要求选定服装款式和面料；从样板库调入所需款式、对应规格的样板；依照样板修改规则对所调入样板进行修改；快速生产样板；自动排料系统进行排料；自动裁床生成裁片；进入快速生产阶段。

☞【想一想】

1. 人体主要分为哪几个部分？
2. 我国人体体型划分为哪几种类型？其各自的划分标准是什么？
3. 男性和女性在体型上主要存在哪些差异？我国的成年人身长为几个头长？
4. 人体运动包括了哪些特征？
5. 人体运动观测坐标系的三要素是什么？
6. 人体运动观测参数包括哪些？
7. 动态人体观测的常用方法有哪些？

第四节　运动生物力学

【知识点】

1. 了解运动生物力学的概念。
2. 了解足部压力等影响穿着舒适性的测试方法。
3. 了解足部压力的概念。
4. 了解足部压力测试设备。
5. 了解足部压力测试技术应用。
6. 了解服装压力的含义及其产生的原因。

【能力点】

1. 掌握一定的测试数据分析能力。
2. 能够分析并解决生物力学影响穿着舒适性的因素。
3. 能够分析服装压力产生的原因。

4. 能够分析不同影响因素对服装压力造成的影响。

5. 提高穿着舒适性的方法。

6. 能够分析不同足部运动与鞋类舒适度的关系。

7. 初步具有独立开展足底压力平板测试及数据分析的能力。

一、什么是运动生物力学

运动生物力学是研究人体运动力学规律的科学。例如，在竞技体育中如何改进动作，实现动作技术最佳化，提高运动成绩；在健身活动中如何提高健身效率，取得最佳效果，如何进行形体训练；日常活动和劳动中如何运动符合力学原理，即省力、有效、快捷。目前研究最多的是竞技体育，有待发展的是健身活动中的运动生物力学、日常活动中和劳动中的运动生物力学。

二、运动学特征与动力学分析

（一）运动学特征

运动学特征即动作形式和动作外貌，包括空间特征、时间特征和时空特征。空间特征是指位置坐标、运动轨迹、关节角度等。时间特征是指运动开始时刻、结束时刻、运动持续的时间、动作的频率和节律。时空特征是指人体的位置和运动状态随着时间如何变化。速度、加速度、角速度、角加速度等参数定量地反映了时空特征。

运动学特征是由动力学特征决定的。运动学特征只是结果，而原因是动力学特征，即各种力的作用产生不同的运动学特征。人体不论在静止还是在运动中，都处于很多力的作用下，力使人体和运动器械的运动状态发生变化，于是表现出形形色色的运动学特征。人体所完成的不是单纯的动作，而是有目的的运动行为；为了达到最佳的运动效果，必须选择最合理的动作。

（二）动力学分析

动力学分析是对步行时作用力、反作用力强度、方向和时间的研究方法。动力学分析与步态特征密切相关，步行的基本功能为从某一地方安全、有效地移动到另一个地方，是涉及全身众多关节和肌群的一种周期性运动。正常步行是高度自动化的协调、对称、匀称、稳定的运动，也是高度节约能耗的运动。

从运动生物力学的角度来考察步行运动，其正常步态应该具备以下生物力学特征：具备控制肢体前向运动的肌力或机械能；可以在足触地时有效地吸收机械能，以减小撞击，并控制身体的前向进程；支撑相有合理的肌力及髋膝踝角度以及充分的支撑面；摆动相有足够的推进力、充分的下肢地面廓清和合理的足触地姿势控制。

三、足部运动与舒适性设计

鞋类的舒适性设计应全面考量足部的形态。足部的形态可以将其分为解剖形态（足形），以及功能形态（足部运动状态下的形态）。静止时的足形，在发生运动时，整个足部形态发生了变化，主要为尺寸的变化和形态的变化。

鞋类产品舒适性的设计除了满足与足在形态上的吻合，还应该充分考虑运动状态下的足部特征，足部运动和舒适性规律包含以下几个方面：

一是个体评价规律。每个人都存在个体差异，一成不变的动作标准不是衡量舒适性的唯一标准。所以在测量和分析不同人在穿着鞋类产品运动过程当中，不能以一个统一的标准去评价所有的运动状态。通过对人体足部运动的单独测试获得的这种运动状态，仅仅是代表了个体的特征，应该通过不断地增加测试样本，来发现全面的人体足部运动本质特点。参照这个本质特点，再进行鞋类产品设计，并应用于批量化生产。

二是符合规律。产品舒适性的设计应该符合足部运动的特点，鞋类在结构材料等方面的设计都是为了顺利完成相应的运动动作。

三是改造规律。鞋类的舒适性有时是违背足部运动规律的，如副跟鞋，副跟鞋的产生是为了改造或者改善高跟鞋长时间趾屈状态下小腿后面肌肉得不到锻炼的弊端，加强整只脚的背屈状态，拉伸小腿后侧肌肉起到下肢锻炼的目的。

四、足部运动与舒适性改进案例

（一）鞋底的易屈挠设计

要想获得正常的足部趾屈（将一只脚的脚尖向下，脚背纤直的方式，即趾屈）运动效果，舒适性设计应该考虑鞋底的弯曲性能。这种弯曲性能不是国家标准中所提到的鞋底耐弯折，而是强调鞋底要有利于穿着者前掌弯曲的状态。如图3-20所示，整只鞋底的前掌设计成波纹状凹槽结构，在易弯折区域的凹槽深度与宽度加大，与细小波纹结合，达到鞋底防滑且易弯折的目的。

图3-20　鞋底的易屈挠设计

（二）足底着地关键部位的耐磨或缓冲设计

如图3-21所示，通过在鞋底开设横纵的深度花纹来实现一种近似于自由弯曲的状态，鞋后跟边缘的紫色橡胶片，前掌边缘的紫色橡胶片，都充分考虑了人体足底在运动过程当中的主要受力点和主要耐磨部位。通过这些橡胶片的设置，降低了整鞋的重量，同时又能发挥较好的止滑和耐磨作用。

（三）符合足踝趾屈、背屈运动的鞋舌上沿设计

脚尖向上，脚背弯曲，称为背屈。为了提供脚在弯曲过程当中，足部鞋腔帮面不会对足部的踝关节造成限制影响，通常有两个方法：一是直接将鞋舌设计成弧线弯曲状态，在趾屈和背屈的状态中将其对

图3-21　鞋底耐磨与缓冲设计

足踝的影响降到最低；二是通过整个鞋舌的海绵厚度的增加提升柔软性，从而提升在行走过程中趾屈和背屈状态下整个帮面对脚踝的束缚（图3-22）。

（四）符合足底特殊情况下的蹬伸运动和防护设计

例如，户外鞋、登山鞋为了适应较恶劣的穿着环境，会在整只鞋底外侧大面积使用耐磨橡胶提升舒适性。高腰的帮面设计用来防护脚踝，将脚踝紧固避免扭伤（图3-23）。

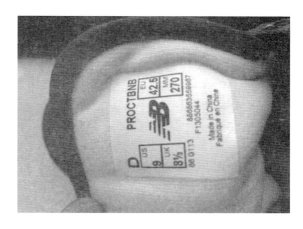

图3-22　鞋舌上沿设计

图3-23　蹬伸运动和防护设计

（五）特殊结构抑制足部运动的设计

高跟鞋由于鞋后跟的提升，整只足部在鞋腔之内，长时间保持向前滑动或者向前运动的趋势，如果鞋头设计偏窄，肯定会造成对前脚掌的足尖和趾骨部位挤压，舒适性下降，长时间还可能造成足部畸形。此时通过一个硅胶垫的设计，将其铺设于鞋的内底之上，来抑制足部逐步向下滑动的趋势（图3-24）。

五、足部压力与穿着舒适性

站立或静止穿鞋状态下，受到地面或来自鞋体的压力、包裹束缚力，称为足部压力。一般

图3-24　特殊结构抑制足部运动的设计

情况下，足部受到的压力有两类，即足底压力和足背部轮廓所受的压力。人在行走或者站立时，整个足部与地面接触，也受到地面反作用力的影响。在鞋类产品的穿着过程中，鞋底压力的分配是否与穿着者自身足底压力的分配相一致，对整个产品舒适性也有重要的影响。

通常应用足底压力测试的结果去设计一些批量化生产的鞋类产品或提出一些鞋类舒适性的改进建议。在未来整个鞋类产品的研发和销售过程当中，我们不容忽视的就是技术性营销，如何让消费者了解整个鞋类产品的研发过程，让他们清楚了解每一双鞋的科学技术性，将足底压力测试系统应用于商店系统的技术展示，以帮助消费者选择更加合适、更加舒适的鞋类产品。足底压力技术也应用在个性化内底、鞋垫的设计和制造上。

六、服装压力与穿着舒适性

服装自重或服装弹性对人体产生的负荷，作用于人体产生的压力称为服装压力。服装压力不仅影响着装者的穿着感觉，还影响着装者的疲劳感和工作效率，关系着人们的身体健康。从人体的舒适性来看，要求服装应使人体感到松紧适度且柔软。

（一）什么是服装压力

服装在人体着装时，其压力的产生是由服装重量和材料变形共同引起的，作用于人体表面且垂直于人体表面的单位皮肤面积上的力称为服装压力。

着装状态下，服装作用于人体的压力主要有以下几种形式：

1. 服装重力对人体产生压力

即所穿着的服装本身的重量所引起的垂直于布面上的压力。例如，肩部的压力舒适性与服装的质量有着很大的关系。研究表明，对于外套来说，其肩部的服装压力以靠近肩点部位的压力值偏大，这是由于服装在纵向上与人体的接触点接近肩点的位置。重量压对于某些服装，如防护服、极地用服装、婴儿与高龄患者服装的压力尤为重要。

2. 材料变形产生的张力

材料变形产生的张力，使人体产生压迫感。人体着装后，服装对人体有一定的限制作用，特别是当服装宽松量减少和人体的活动量增加时，引起服装的弹性形变，进一步引起人体皮肤的变形，从而产生压力。

（二）服装压力对人体的影响

人体对服装压力的机械性刺激的承受能力是有限的，当服装压力超过一定范围时，着装者的活动就会受到阻碍。

服装压力或松紧度是服装舒适性的一个重要影响因素。服装因自身的重量、结构的大小、材料的弹性等原因，会产生压力。服装压力的增加对人的生理产生很多负面影响，会影响到呼吸系统，对肠胃消化系统也有抑制作用。腰部过紧的服装，明显延长了食物通过小肠的时间，容易使人消化不畅。穿着高压裤时，皮肤血流降低，发生血液循环障碍，心率和体内温度下降。女性穿着过紧的瘦身胸衣、收腹腰带，会导致过分压近胸部和腹部，使胸廓下部变形，导致胃、肝变形，甚至引起功能性障碍。研究表明，过多的服装压力会反向影响生理动态平衡机制，使身体健康受到影响。

研究人员在研究文胸时注意到，过大的文胸压力会明显降低自主神经活动，导致副交感以及热调解交感神经活动显著降低，迷走神经系统明显降低，心率改变。日间较高的服装压力产生明显的疲劳，使夜间泌尿肾上腺素、去甲肾上腺素的分泌比值明显升高，令交感神经系统更兴奋，心率增高。

　　适度的服装压力也有积极的一面，在运动场合下对人体具有保护作用，且能提高运动效能。跑步时穿着紧绷的护腿和运动内衣能减轻疲劳感，提高运动舒适性。因为，一定的服装压力有助于减少肌肉的震动，使之保持紧张状态，减少因颤动带来的能量消耗及酸痛感，增加运动耐力；举重时穿上护腰能防止腰脊损伤，增强腰肌收缩力，凝聚力量，提高运动爆发力；服装压力还会对运动员的重要关节部位起到支撑作用，如护腕、护膝和护肘等辅助人体，可增加人体的强度；体育比赛中不同项目的运动服装应有区别，如投掷项目采用独袖服装，可保持对人体臂肌的压迫与支撑；排球运动员穿长袖运动衣，其适度的压力能保持手臂肌肉紧密，增加力量；高科技的鲨鱼皮游泳衣具有极强的弹性和伸展性，能更好地束紧肱二头肌和大腿的肌纤维，降低疲劳程度，有利于游泳运动员提高速度。红军战士打着绑腿行军打仗，走过了漫漫长征路，束紧腿部肌肉，能够提高人体的耐疲劳度，增强耐久力（图3-25）。

图3-25　打绑腿的红军战士

　　20世纪70年代，国际上就应用服装压力，治疗烧伤病人，根据病人的身体数据，设计符合病人状况的服装。一定的压力，有助于固定皮肤和肌肉，在治疗期让病人穿上具有弹性的压力服装，定期更换以防止或减少增生性瘢痕的出现以及肌肉萎缩。

（三）服装压力的影响因素

1. 服装材料

　　服装材料会对服装压力造成影响，悬垂性好的材料压力要大于柔软的材料；厚重材料的压力要大于轻薄材料；高弹材料的压力（如紧身裤袜、紧身内衣或泳衣等）由于材料的作用而被分散，压力的支持点不在固定的某一位置，而是均匀分布的，因此人体在穿着时不会产生较大的压迫感。医学研究认为，过大的服装压力对人体健康有害，因此服装面料的选择，在满足着装者基本运动需要的同时，应具有柔软、伸缩平衡的特点。例如，LYCRA（莱卡）对人束缚力很小，可以非常轻松地被拉伸，柔软性强，可迅速回复原有长度等，是理想的服装压力舒适材料。图3-26是高性能的LYCRA与普通氨纶纤维的压力变化曲线图。

2. 服装款式

　　服装的款式不同，其不同的结构特点将会使人体不同部位所分担的压力不同。图3-27的服装款式，其压力主要在肩胛骨，在健步斜方肌与三角肌交界处有凹陷势态，是服装给予人体压力的最佳部位。图3-28的服装款式，其压力点在凹陷的腰、腹两侧，它的压力承受仅次于肩部。图3-29的服装款式，其压力点在颈椎处，担当露背式服装的主要悬吊压力。

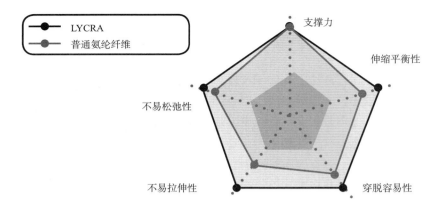

图3-26　高性能的LYCRA与普通氨纶纤维的压力变化曲线图

图3-27　款式一

图3-28　款式二

图3-29　款式三

另外，对于造型细小紧绷，其对人体的压力会增大。例如，穿紧身裤袜的下肢，在压迫状态下，末梢皮肤血流会不同程度受阻，压力越大，皮肤血流的受阻程度就越明显；在一定压力范围内，受压部位的皮肤血流量会上升，当压力超过临界值后，皮肤血流量又会逐渐下降。服装压力主要是通过影响神经调节、体液调节，以及血管的变形来改变皮肤血液微循环，从而影响皮肤血流状况。

3. 其他

从人体工程系统来看，服装的厚度、密度、宽松量、湿度等；人的动静、胖瘦、代谢、耗氧量、年龄等；环境的冷热、干湿等都会影响服装压力的程度。例如，合体裤装设计，首先应列举出评价指标，就是需要在哪些重要部位达到怎样的效果。一般的裤装需要结构合体、穿着舒适、造型美观。非运动类裤装以静态人体体型为基础，强调造型的合体美观，而运动关系则被放在较为次要的位置考虑；合体西装的廓型与上身形状的关系紧密，款式往往设计得尽可能合体，这样就会限制宽松量的大小，因此，设计需要在造型美与压力舒适之间寻找平衡，所涉及的主要部位为肩部、前腋窝部、肩胛骨部、后腋窝部和上臂根，使设计具有易活动性。在常规的穿着方式下，肩部、肩胛部和腰部会承受整个服装的重量，因而所受到的压力比其他部位大，需要分散承重点，加大承重面积。

针对服装压力产生的原因及其影响因素，服装设计应分别考虑不同的功能、穿用场合及身体各部位的压力分布，确定服装压力及织物弹性，以达到合理的舒适性与有效的功能性的完美结合。

（四）服装压力测试

各种服装款式的压力范围如表3-4所示。不舒适的临界压力大约为70g/cm²，这与皮肤表面毛细血管的血压平均值（80g/cm²）相近。当服装压力超过舒适临界压力值时，血液流动困难，从而导致血液流动受阻或停止流动，最终血液被迫流向腿部较低部位，造成下肢肿胀。

表3-4 各种服装款式的压力范围表　　　　　　　　　　　　　　单位：g/cm²

服装款式	压力	服装款式	压力
泳装	10~20	医用长袜	30~60
紧身胸衣	30~50	紧身服	<20
针织围腰	20~35	西裤背带	60
弹性袜带	30~60		

1. **客观评价法**

服装压力舒适性的客观评价主要是服装压力的测定，服装压力主要使用仪器进行测定，分为直接测量法与间接测量法。

（1）直接测量法。直接测量法指人体在着装状态下，将压力传感器固定在人体所需测量的部位，直接测试出服装压力的大小。包括流体压力法（水银压力计法、水压力计法）、电阻法、拱压法等。

①流体压力法。流体压力法有水银压力计法和水压力计法。将内置空气的橡皮球插入衣服内，橡皮球的一段连接U形水银压力计或水压计，读出U形管的水银柱或水柱高度，即为所测的服装压力。后来，人们改良了该方法，将水和空气同时充入橡皮球内，把水银压力计与U形管相连，即可读出服装压力，此方法称为改良流体法。但橡皮球的大小和特性会影响服装的着装真实形态，进而影响服装压力的测定，特别是对于动态服装压力测定更为困难。

②电阻法。电阻法的本质为应变式压力传感器，探头采用应变计元件。由于应变计元件难以加工成合适的尺寸，会对测量的精度造成较大影响。

③拱压法。使用石膏或合成树脂制成模拟肘、膝等部位的凸起模型，在起拱处打孔，贴置压力传感器，测定服装对凸起部位的压力。这种方法可以测出接近穿衣时的服装压力值，但不能进行连续动作时的服装测试，另外，石膏模型制作比较麻烦。

（2）间接测量法。间接计算法是以间接的手段测定服装压力的大小。

①理论计算法。当织物紧贴皮肤时，测得所求压力部位织物的伸长张力与该部位皮肤表面曲率半径，然后利用公式测得压力P：

$$P = \frac{T_H}{R_H} + \frac{T_V}{R_V}$$

式中：T——织物的张力；

R——有关人体部位的曲率半径；

H——水平方向；

V——垂直方向。

②模拟法。通过人体模型（软体假人）再现不同部位的服装压力，用虚拟数字化人体模型，评价服装三维弹性变形，把握复杂曲面的弹性体压力。

2. 主观评价法

人体千差万别，不同的身体部位因软硬度、形状及神经敏感度的差异，造成对压力的承受性不同，人体各部位对压感反应敏感度也有差异，如有些人皮肤粗糙、肌肉强健，对压力的敏感程度就低。因此，测试服装时还需要因人而异，针对服装的目标群体，选择代表性的人进行主观评价，这种评价主要是心理层面的。

主观评价舒适性的方法有很多，主要有成对比较法、排序比例尺法、语义差异标尺法等。前两种方法的结构只能应用于所研究的样品范围，而服装压力舒适性的主观评价中往往采用的是语义差异标尺法，这种方法由一系列两极比例尺组成，其中每一标尺都有一组反义词或一个极端词和一个中性词组成，两极词的每端限定于若干分来条目的5~7个比例标尺上，如"−2（非常）""−1（略微）""0（无所谓）""+1（略微）""+2（非常）"这种五段式两极记分法。

目前用于服装压力舒适性主观评价的用语需要进一步标准化，同时需要确保主观被测者本身的可信性与实现实验的可重复性是必要的。

☞ **【课后拓展】**

服装压与松量的关系：

服装与人体接触时，为了使人体活动不受来自服装的束缚，人体与服装之间应留有适当的松量φ，以保证人体与服装之间保持无接触的容许范围。通常根据宽裕量大小，将服装分成下列三种类型。

①紧身型：宽裕量$\varphi < 0$，服装的原表面小于身体的表面积，穿着时人体在静止或运动时都受到束缚。主要用于滑冰、滑雪及游泳服装、练舞服装、紧身衣、妇女胸衣、束腰带等。

②合身型：宽裕量$\varphi = 0$，即无宽裕空隙，服装在人体静止时无束缚力，但人体活动会受到服装的束缚。由于服装采用平面性强的材料制成的，人体凸出部位，衣服被拉伸，而凹陷部位，衣服同人体不密贴。

③宽松型：宽裕量$\varphi > 0$，服装的表面积大于身体表面积，人体活动时回收宽裕量，若宽裕量不足，人体与服装应力接触时仍会产生束缚。主要用于休闲服。

☞ **【想一想】**

1. 怎样根据足部特征进行鞋类设计？

2. 鞋类舒适性设计的方法有哪些？

3. 服装作用于人体的压力主要分为哪几种形式？

4. 分别举例说明服装压力对人体产生的有害和有利之处。

5. 哪些因素会对服装压力的产生造成影响？

6. 服装压力测试中客观评价和主观评价分别包括了哪些方法？

7. 思考为日常鞋的舒适性与竞技运动鞋的舒适性设计重心关系。

第五节　人体与运动测试

【知识点】

1. 了解几个常用的人体测试技术。

2. 测试技术的一般原理。

3. 测试技术的应用。

4. 测试技术的一般步骤。

【能力点】

1. 基本具备应用测试技术改进穿着舒适性的技能。

2. 运用设备采集人体数据能力。

3. 人体体型与运动分析能力。

一、三维扫描技术

（一）三维足型扫描

1. 三维足型扫描的定义

三维足型扫描指使用当代流行的激光扫描技术、结构光扫描技术、计算机辅助计算技术等对人足的三维进行扫描计算，得到精确的脚型三维数据。

现有的三维足型扫描技术仅仅是作为一项重要的测试手段，改进鞋类产品的舒适性更多的是测量鞋、测量脚的关键尺寸，设计的时候还要依照设计师的经验对某些部位进行增加或者是减少。

2. 三维足型扫描技术的意义

目前三维足型扫描技术主要用于专卖店专门从事个性化定制，也可用于脚型数据的采集和分析，建立中国人的脚型数据库。在这些方面，三维足型扫描技术相对于传统的手工测量会具有更多的积极意义。

3. 三维足型扫描技术的应用

三维足型扫描技术在科学技术系统发展的背景下形成，与此同时其对于鞋类的发展和技术变革也提供了强大的支持，使得鞋类产品的舒适性有了很大的提升。在现有的整体鞋类环境之下，三维足型扫描更多是当成一种技术营销的手段，通过三维足型扫描获取大量的消费者足型数据，为今后鞋类产品舒适性提升提供参考。在未来整个鞋类行业发展的趋势来看，它必将会朝着个性化配件批量定制的方向发展，通过大量的消费者足型采集，来获取更多的有利于改善鞋类产品舒适性的指标，提高鞋类产品的舒适性。

三维立体扫描技术可应用于立体鞋垫的设计，通过三维足型扫描仪获取消费者足底形态，形态上的突起或凹陷其目的都是鞋垫能够与足部充分吻合，增强足部跟鞋的匹配程度。

三维足型扫描技术还应用于鞋楦的设计，对我国人口的脚型数据进行普查，在大量脚型数据分析的基础之上，制定我国的鞋楦标准，优化我国的鞋楦设计，进而再开发出批量生产、个性化定制的鞋。三维足型扫描技术除了针对日常穿着的鞋类产品应用之外，还可以进行鞋体特殊部位的改进。但三维足型扫描技术难以在行业中推广应用。主要体现在四个方面：

（1）人体足部形态千差万别，现有的鞋类产品产业模式是批量化生产，而三维足型扫描技术更有效的是针对个体化定制，也就是说三维足型扫描技术扫描获得的鞋类足型指标仅仅是针对鞋类设计的参考，所以限制了其向行业推广、批量化生产。

（2）个性化定制成本高昂，过程耗时耗力，与当前的鞋类产品批量化生产趋势不相匹配。

（3）人对鞋类产品的舒适性感觉不同，在长年累月的穿鞋过程中，不同的人都对鞋类产品形成了不同的穿着经验，参照扫描数据并不能满足所有人的穿着需求，尽管是进行了精确的三维足型扫描，但是受到主观意识的影响，这些数据还要进行细微调整。

（二）三维人体扫描

1. 三维人体扫描的定义

三维人体扫描技术指应用当前激光扫描技术将人体主要特征进行三维扫描，通过计算机后端处理，得到精确可靠的人体三维数据。相对于手工测量测量，大多数三维人体扫描仪具有扫描速度快、重现尺寸准确等优点。只需在几十秒甚至几秒钟内便可产生稳定性较高的大量测量数据，能产生数字化格式的结果，具有较高的测量精度和重复性，可以适应服装生产的需要。国际上常用的三维人体扫描仪有Telmat公司的SYMCAD，TurboFlash/3D，TC^2，Cyberware-WB4，Vitronie-Vitus，TechMath-RAMSIS等。

2. 三维人体扫描的应用

三维人体扫描技术在服装工业中的应用主要包括：服装号型的修改与制定，标准人台、人体模型的建立，三维服装设计，服装电子商务。

（1）服装号型的修改与制订。服装号型是服装行业生产设计的重要依据和参考。批量生产的服装其合体性差的关键原因在于，目前所使用的号型系统不能够准确地反映目标客户人群的体型特征。受测试工具及方法的限制，多数数据不能反映现代人群。运用三维人体扫描技术可灵活准确地对不同客户人群、地域、国家的人体进行测量，获得有效数据，建立客观、精确反映人体特征的人体数据库，且方便易查便于管理和使用，也可以追踪、研究客户群体的整体变动。

（2）标准人台、人体模型的建立。服装用标准人台、人体模型是企业用于纸样设计、研究，进行服装立体裁剪的重要工具之一。运用三维人体扫描技术，扫描分析市场上消费者的体型，根据人体线条、形态和尺寸制作所需的人台（图3-30）。

（3）三维服装设计。三维服装设计建立在人体测量获得的人台或人体模型基础之上，通过人体模型的重建，在人体模型上进行交互式立体设计，即在人体模型上用线勾勒出服装的外形和结构线，配合相应的软件生成二维的服装样板。也为原型样板的建立和服装样板的系列化设计提供快捷、便利的研究方案（图3-31）。

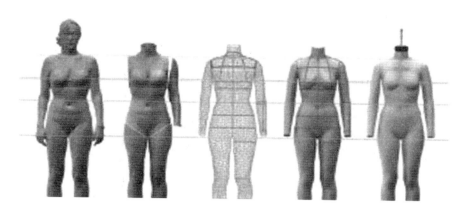

图3-30　标准人台、人体模型的建立

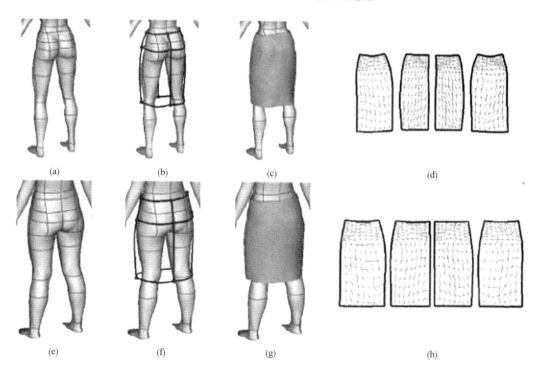

图3-31　三维服装设计

（4）服装电子商务。电子商务是新兴的商务模式，它以网络为手段进行商务贸易。网络的发展与普及为电子商务的发展提供了应用条件。越来越多的服装公司推广"计算机试衣系统"，该系统内存贮数万种不同款式、花色和尺寸的服装，根据客户输入的信息，计算机在很短的时间内完成组合处理，为客户设计最佳的服装款式，并模拟试穿。若客户不满意，可重新选择，直到满意为止（图3-32）。

图3-32　服装电子商务

二、高速影像测试

（一）足部高速影像测试

高速影像分析是通过测试足与鞋之间的作用效果，测试鞋与地面的作用效果，将人肉眼分辨不清的细节完全展示出来，尤其针对鞋类产品一些底部、帮面的特殊功能设计是否达到应有的效果。在穿着鞋类产品的过程中，足部跟地面接触的过程是一个快速转换的过程，穿着不同的鞋或不同的人赤足运动时，足部跟地面在接触作用过程中究竟有怎样的动作变化，是设计鞋类产品所需要的重要指标。鞋类产品高速影像测试，能够研究人们赤足运动过程中脚部的运动规律。我们按照这些运动规律，进行鞋类产品的相应设计，提高鞋的舒适性和稳定性。

高速影像在鞋类舒适性中的意义包括：发现足部运动规律，为鞋类舒适性设计提供参考；高速状态下分析鞋类鞋底的细微变化，评价改善鞋类功能设计。

（二）高速影像应用

通过高速影像分析，我们将人体在行走过程中的足部着地状态分成三个阶段。以左下肢为例，当左下肢足跟最初着地时，这个阶段称为最初着地阶段；当左下肢离开地面，全部身体重量均是由右下肢承担，这个阶段称为全掌着地阶段；当左下肢足跟着地，右下肢的足部处在足尖蹬地状态，这个阶段称为足尖蹬地阶段。足部和鞋共同作用在整个鞋类产品的改进过程中，主要分析这三个阶段，足部和鞋子主要功能设计（尤其是鞋底）在形态上、在着地方式上发生了怎样的变化，从而评价鞋类的舒适性能，进而帮助改进其舒适性设计。

当足底有朝身体外侧翻转或翻转趋势的状态，称为足部外翻；当足底有朝身体内侧翻转或翻转趋势的状态，称为足部内翻。两种状态都会对踝关节造成一定扭曲影响，如果鞋类产品尤其是鞋底设计没有充分考虑在穿着过程中稳定足部、抑制内外翻情况发生的话，那么这种状态就是一种不稳定的状态。为了提高舒适性，很多鞋类产品专门针对具有不同足部翻转状态的人群，以及从事不同运动的人群，对他们的鞋类产品进行鞋底稳定设计的创新。最终应用高速影像测试技术，来判断足部与地面的接触过程中，内外翻角度的变化，来评价最终的功能设计效果。高速影像测试技术更像是一项评价足部触地过程中足部稳定效果的一项技术。

针对一些特殊的具有缓震功能的鞋类产品，采用高速影像测试技术，可以评价足部在触地过程当中，鞋底材料或者结构被压缩的水平。如果鞋底材料被压缩的效果明显，通过高速影像相机能够清晰地观察到鞋底缓冲的效果，这也是被用作评价鞋底缓冲性重要的技术手段。

（三）高速影像测试技术的开展

1. 环境要求

尽量在室外开展测试，若在室内则采用LED光源，增强拍摄目标的亮度。

2. 后跟缓震性能测试要求

在环境满足的前提下，要求测试过程中选取关注的关键关节的部位点，标志点要标志清晰，如关注的是后跟着地的稳定性，应选取后跟鞋底的中点和跟腱，在后跟帮面上沿的中点为部位点，通过这两个点来判断最终两点连成的线是否垂直，有怎样的偏转，最后评价整鞋的稳定性，所以标志点一定要选取清楚。

3. 鞋底稳定性能测试要求

在环境满足的前提下，标志点要清晰地展示鞋的后部、小腿后部以及跟腱三个部位的情况，通过三个标志点，当人体的足部发生内外侧翻转时，能够测量这些角度的变化，进而评价鞋类的穿着舒适性，同时也可以将优化改进后的具有稳定功能的鞋类产品，让测试者穿着，然后评价它在穿着过程中是否有效地抑制了足部的内外翻。

☞【链接】应用高速影像改进舒适性案例

应用高速影像改进舒适性，通常需要在一个固定的场所，所需的设备为跑步机、高速相机、测试用鞋以及数据分析软件，通过这四个工具来固定测试者的运动区域，在运动中恒定测试脚在每一次触地过程当中，踝关节的运动状态，获取后跟运动指标，评价鞋类产品稳定性能。

例如，高跟鞋在穿着过程中，鞋类产品是否与地面接触后有稳定状态，通过高速影像相机在测试者身体的后方，测试其在走路过程中每一次触地之后，鞋跟晃动的角度范围来评价鞋类产品的舒适性。

三、红外热成像测试

所谓红外热成像，指红外辐射，它普遍存在于自然界，任何温度高于绝对零度的物体、人体、冰、雪等都在不停地发射红外辐射。红外热成像仪就是把这些红外辐射捕捉下来，用于产品的性能改进。通常人眼的可见光波段在0.38～0.78um，红外线波段波长超出人眼可见光范围，在0.78～1000um，借助热成像仪的研发，可以帮助获取这些看不见、摸不着的红外线的存在。

（一）鞋类红外热成像测试

红外热成像技术是非接触式的足部温度测量技术，传统的鞋类散热性能研究与评价主要使用温湿度测量仪，被测试的人员需要脱下鞋，再使用探头进行测试，穿脱的过程中，足部会带走部分热量，最终的测试结果往往与真实值之间存在较大误差。随着技术的不断发展，红外热像仪被使用，主要是通过获取物体表面散发出的红外波，并转化为温度，以衡量物体的表面散热性能。

早期国内的温湿度测试，为了评价鞋类产品的散热透湿性能，往往把测量温湿度的传感器安置在鞋腔之内，测试者穿着运动之后，快速从鞋腔内抽出来测试鞋腔的温湿度变化。由于穿鞋和脱鞋的过程中会带走热量和湿气，所以对测试结果造成很大干扰。红外热成像测试技术实现了非干扰、非接触的测试，相比于传统的鞋腔温湿度测试，提供了一个更直观、更准确、非接触的技术手段。

通过红外热成像仪，能够清楚地观察到足部散热分布情况，并根据这些数据，对鞋靴不同区域的材料和结构进行改进设计。例如，夏季凉鞋的开孔位置、开孔结构（圆形或菱形），一般鞋类的材料厚度选择和帮面工艺选择等（图3-33、图3-34）。

通过测试赤足运动足底主要散热点和区域，在凉鞋底部的主要散热区域进行镂空设计，

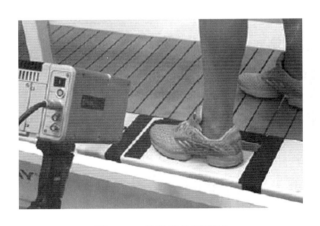

图3-33　整鞋散热性测试

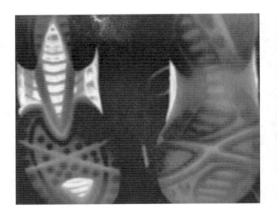

图3-34　鞋底散热性测试

使得鞋内热量通过空气的热量传递散失掉，从而达到舒适性目的。红外热成像仪测试表明：在镂空处的部位，温度明显高于传统鞋款，热量经空气对流散失，达到降温的目的。

红外热成像仪温度测评观察如图3-35所示，颜色代表的意义，即红、黄、绿、蓝温度呈依次递减趋势（彩色图层见随书附赠网络教学资源）。

红外热成像技术能够对人体不穿鞋状态的足部温度分布进行测试，是获取人体足部基础散热规律的重要手段，对于设计和研发散热性能更好的鞋类产品具有重要意义（图3-36）。

为了规定测试者运动的强度，在红外热成像测试中，往往需要额外的辅助设备完成试验，跑步机就是其中重要的设备（图3-37）。测试人员能够在跑步机上按照预先规定好的测试强度进行测试，理论上认为同一名测试对象在测试强度统一的情况下，其散发出的热量也应该相同，以此来评价不同鞋类材料和结构特征下的散热性能。

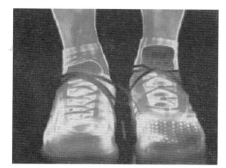

图3-35 红外热成像测试温度分布

图3-36 足部温度测试

图3-37 测试中应用的跑步机

（二）红外热成像在鞋类设计领域的应用

红外热成像技术可以实现非接触测试，可以测试不同帮面结构和材料使用状态下鞋的透气散热性能。

测试分成三个部分：制订测试装备和方案、测试不同鞋类产品表面散热性能、测试鞋类产品表面的温度分布。

以一款散热极佳的鞋款为例，最初研发的目的是满足专业运动员对鞋靴散热的要求，帮面的设计采用大孔径透气网孔，在鞋底上也开设网孔，通过红外热成像仪，要求测试对象在跑步机上以规定速率在规定时间内进行运动，当运动停止后，让测试者将鞋子放置在跑步机上固定部位，停止跑步机，然后通过红外热成像仪测量运动后鞋的表面温度，以获取鞋表面温度的分布图。鞋表面散发出来的热量越多，鞋腔内相对储存的热量就越少；相反，鞋表面散发出来的热量越少，鞋腔内相对储存的热量就越多。通过红外热成像仪的测试，发现此款鞋的鞋腔温度得到了有效散发。不同的鞋类产品左、右脚鞋帮面的温度分布是不同的，热量散发越多，越有利于保持鞋腔温湿度环境。

通过红外热成像测试还可以获取人体不穿鞋状态，足表温度分布趋势，足背和足踝四周是温度分布较高的区域，通过研究人体基础足部热量代谢，可以帮助我们设计和选择帮面透气效果更好的鞋，针对热量散发高的足部区域使用更多透气散热材料。

　　国内对于鞋类穿着舒适性的研究技术仍以主观感受为主，舒适性技术指标缺乏客观实验数据作为支撑，使得鞋类穿着舒适性研究存在不能量化、精确化的弊端，严重限制了产品舒适性的提升。究其原因是鞋类穿着舒适性相关测评仪器设备研发落后所致，研发设备的性能对实验数据误差的影响导致最终测量数据无法较好地反映舒适性。在穿着舒适性的影响因素中，基于温度的穿着舒适性研究最为重要。

（三）服装红外热成像测试及应用

　　现有服装舒适性技术不仅包含之前讲到的服装压力测试技术、人体三维扫描测试技术、高速影像相关技术，随着相关学科的发展，服装的舒适性研究涉及的技术逐渐完善。红外热成像技术是服装舒适性领域中非常重要的一个方面。

　　在人体—服装—环境系统中，服装与人体及环境的关系是复杂的。人是恒温动物，人体通过出汗、血管收缩及扩张来调节温度变化以保持体温。在各种气候和生理条件下，服装在人体和环境之间起到热阻的作用，从而保证人体的热状态处于在人体生理调节的范围之内。人体的散热在大部分情况下是处于微汗状态，因此在绝大多数的纺织服装面料都具有一定的透气能力的情况下，服装面料的隔热性能就是人体保持热舒适性的重要指标。

　　一切温度高于绝对零度的物体都在以电磁波的形式向外辐射能量。通过测量物体自身辐射的红外能量，就能测定它的表面温度。

1. 红外热成像技术在服装设计领域应用的背景

　　20世纪40年代初，国外学者就开始从气候学和生理学的角度进行服装穿着的热湿舒适性研究。20世纪60年代以后，合成纤维得以广泛应用，常规合成纤维在使用中产生的闷热感更加促进了服装热湿舒适性的研究。20世纪70年代以后，服装热湿舒适性的研究则更加活跃，研究者主要用仪器模拟实验方法、人体穿着实验方法和生理方法对服装热湿舒适性进行研究，还有学者对服装系统热湿交换过程应用数学和物理的方法进行了大量的研究。服装舒适性的研究包括织物导热、导湿性能的研究，服装热湿舒适性评价方法研究等。

　　服装面料的热阻通常用平板仪、圆筒仪来测定。这些测量方法具有很大的缺陷和弊端，没有办法直接测量出面料的表面温度。如果使用环境温度代替面料表面温度，环境温度里包含了面料外附面空气层的热阻引起的温度，必须要扣除附面空气层的热阻，只有使用面料的热阻才能应用公式得出面料表面的温度。实际附面空气层常处于不稳定状态，影响附面空气层热阻的因素很多，很难精确测量，因此存在一定程度的误差。采用平板仪等测量的面料热阻是随附面空气层变化的一个相对值。而且也无法代替人体对服装面料隔热性能的直接感觉。对冷暖的感觉虽然不同的人差异较大，但正常人都可以非常敏感地感觉到服装变化引起的冷暖变化。在夏天即便是厚薄差异不大的服装，普通人也能正常分辨出透热能力的差异，感觉出不同的舒适程度。由此，诞生新技术的应用——红外热成像技术。服装是穿着在人身体上的，用红外热成像技术可敏锐地感知物体表面的红外辐射，还可精确地测量出物体表面的温度分布，并以热图的方式体现出来。通过红外热成像仪直接测量服装在穿着状态下的表面温度场情况，进而推导出其服装面料的隔热性能，探究服装的散热保暖性能。服装舒适性技术所应用的热成像仪采用被动式热成像系统，可分为制冷型和非制冷型两类，依靠收集物体发射的红外线判断温度的分布特征。

2. 红外热成像技术在服装设计领域应用的案例

（1）服装面料隔热性实验。在温度为25℃、相对湿度为55%的恒温恒湿条件下，将六种织物覆盖于人体手臂上，待织物表面的温度稳定后，用红外热成像仪分析并比较织物表面的温度变化（表3-5）。

表3-5　不同织物隔热值的大小

织物编号	成分	t_h（℃）
A	35%黏胶纤维/65%天丝	31.6
B	45%黏胶纤维/55%天丝	30.6
C	40%锦纶/60%天丝	33.1
D	100%涤纶	30.7
E	100%黏胶纤维	28.7
F	100%棉	29.0

对比上述结果，可以得到各个纺织纤维的隔热性能的大小情况。

（2）红外热成像技术对内衣保暖性能的测试。实验环境温度设置20℃，相对湿度65%。在出汗暖体假人控制皮肤温度恒定后，穿上待测保暖内衣。30分钟后，用红外热成像仪在距假人2米处拍摄保暖内衣表面（正面）的热像图。利用红外报表分析系统软件，对前胸分割的五个区域作热成像曲线图（表3-6）。

表3-6　不同保暖内衣的保暖性能测试　　　　　　　　　　　单位：℃

实验对象	暖体假人皮肤温度T_s	区域最高温度T_a	区域平均温度T_b
中空纤维保暖内衣	34.5	29.1	27.8
暖绒保暖内衣	34.5	28.0	26.8
远红外保暖内衣	34.5	29.7	28.5
纯棉内衣	34.5	32.7	31.3

上述结果表明隔热性能为：暖绒保暖内衣＞中空纤维保暖内衣＞远红外保暖内衣＞纯棉内衣，即暖绒保暖内衣的保暖性能最好。

（3）红外热成像技术对服装热防护性能的测试。在火场危险环境下，人们需要通过穿热防护服来躲避火焰伤害。热防护服被广泛地应用于保护消防员、炼钢工人及从事其他高温危险场合作业的工作人员（图3-38）。热防护服能够抵挡火焰短时间的燃烧，但是服装在冷却的过程中依然能够导致烧伤的发生。所以

图3-38　热防护服

(a) 传感器分布

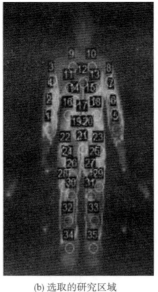

(b) 选取的研究区域

图3-39 选取的温度区域

需要对燃烧后服装及人体表面温度变化进行研究，以有效地得出热防护服防护性能是否良好，也是对特殊职业工作人员生命安全的保证。

还可采用红外热成像仪观测服装的表面温度，利用燃烧假人系统对人体的表面温度进行采集分析。燃烧前固定好红外热成像仪，然后将着装后的燃烧假人暴露于闪火环境中，通过热成像仪和假人系统记录服装表面与假人表面的温度变化。服装表面的温度会在燃烧结束后很长一段时间内保持着较高的温度，而且服装表面的高温会通过面料传递到人体，并使人体的表面温度在10秒内以大约0.5℃/S的速度上升热成像仪拍摄假人正面部位，对热像图进行温度区域的选取，所选取的位置区域与燃烧假人传感器相对应，总计在假人正面选取35个温度区域（图3-39），由此分析闪火时间、服装材料和号型以及着装姿势对表面温度变化的影响，为热防护服装的设计开发提供参考。

3. 服装红外热成像测试步骤

（1）设备与仪器：MAG30在线式红外热成像仪。

（2）步骤。

①连接设备。该仪器主要的部件有MAG30系列在线式热成像仪（包括镜头）1台，12V电源适配器1个，网线1条（普通网线即可），I/O接线端子，安装盘（光盘内附带用户手册）。使用时，将热成像仪固定在三角支架上，连接处有螺丝固定，旋紧即可；将电源线插入12V直流电源接口，此时电源指示灯亮；将网线插入计算机的网线接口和热成像仪的网线接口，若连接通路，则网络接口的黄色指示灯变亮，若不通则检查网线等方面（图3-40）。

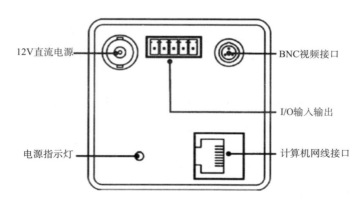

图3-40 设备连接

②将热成像仪与计算机直接通过网线相连，该情况下需要对计算机的IP地址进行修改。

③打开计算机上的红外热成像仪软件，由于是网线直接连接，在软件界面右侧的启用DHCP Server处打钩，打钩后MAG30-110257即为该设备的型号，此时连接完毕（图3-41）。

(a)　　　　　　　　　　　　　　(b)

图3-41　打开和连接设备

④点击软件主界面左下方的黑色三角即可开始进行红外录制（图3-42），然后进行对焦，使出现的画面更加清晰，点击对焦按钮完成自动对焦（图3-43）。

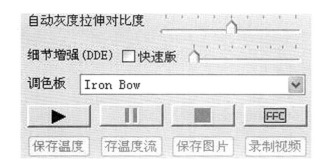

图3-42　红外录制按钮

图3-43　自动对焦按钮

⑤根据需要进行保存，也可直接存储为温度流，方便以后进行相关分析。左键点击存温度流按钮，出现保存路径对话框，设置其保存路径。待完成需要的测量后，点击图3-44中黑色方框停止记录，此时完成实验过程。

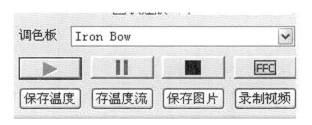

图3-44　存温度流按钮

⑥对实验保存的温度流进行回放，首先断开热成像仪，点击图3-45中的断开按钮，然后点击主界面上方菜单的"回放"下拉菜单，选择打开文件，寻找保存的.mgs为后缀名的文件，可通过回放菜单中的"回放"控制进行一些相应的设置（如选择循环播放等）。

（3）记录测试结果：测试结果应记录测试对象的最高温度、最低温度和平均温度。

图3-45　断开按钮

【课后拓展】

1. 结合自己穿着的服装，使用红外热成像仪检测它们在各部位的表面温度分布情况，并结合服装的款式结构、材质、温度分布的规律指出测试结果的产生原因。

2. 结合自己穿着的服装，使用红外热成像仪检测它们在各部位的表面温度分布情况，并结合服装的款式结构、材质、温度分布的规律指出测试结果的产生原因。

3. 结合自己的鞋子，使用红外热成像仪检测它们在穿着初始和一段时间后的表面温度分布情况，并结合鞋的款式结构、足部温度分布的规律指出测试结果的产生原因。

【想一想】

1. 利用红外热成像技术获得服装面料隔热性能的原理是什么？

2. 红外热像技术在服装设计领域还有哪些应用？

3. 红外热像仪相比于传统的鞋类温湿度测量技术有何优势？

4. 红外热像仪测试足部表面温度的现实意义是什么？

5. 红外热像技术评价鞋类的散热性基本原理是？在何种状态下认为鞋类的散热性能较高？

第四章　材料物理力学性能

【知识点】

1. 了解透气性的定义。

2. 了解影响材料透气性的因素。

3. 了解材料透气性测量原理。

4. 初步掌握织物透气仪测试。

【能力点】

1. 能够由影响材料透气性的因素分析材料透气的原因。

2. 掌握透气性的测量方法。

3. 能够通过测试结论评价鞋类产品的透气性能。

4. 掌握用织物透气仪测试服装材料的透气性。

第一节　材料透气性

一、透气性的定义

透气性指织物透过空气的能力，是鞋服材料中一个非常重要的舒适性指标。正常的人体皮肤具有保护、感觉、代谢、吸收、分泌排泄物等功能，从而有效地维护人体的健康。皮肤通过汗腺、皮脂腺分泌排泄物，人体的皮脂腺每人每天约分泌30g的皮脂，皮脂与汗、垢、灰尘混杂在一起将黏附在人们穿着的服装上，利于微生物的生长和繁殖。另外，皮肤会不断排出二氧化碳、气态有机物和具有强烈气味的物质（图4-1）。当服装内由新陈代谢产生的二氧化碳量超过一定指标时，皮肤不显性汗气态水使湿度超过60%时，人体会产生不舒适感和闷热感。因此，服装材料需要有适当的透气性，才有利于服装内外的空气进行交换，及时地排出有害气体，保持服装内部舒适的环境。

夏季穿用的织物需要有较好的透气性，以起到通风、散汗、防暑、降温的作用；冬季穿着的外衣织物透

图4-1　人体通过服装向外界排气

气性要适当减小一些，以保证衣服具有良好的防风性能，减少衣服内热空气与外界冷空气的对流，防止人体热量的散失，但是不能不具有透气性。

通常情况下，气体通过织物有两条途径，即织物的孔隙和纱线中纤维间隙（图4-2、图4-3）。

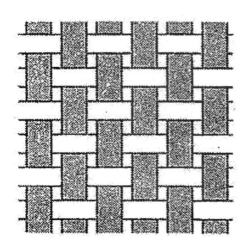

图4-2 织物的孔隙

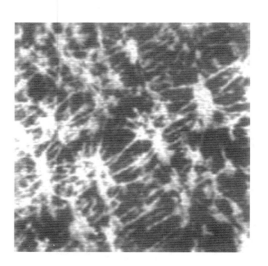

图4-3 纱线中纤维间隙

二、影响透气性的因素

影响织物透气性的因素如表4-1所示。

表4-1 影响织物透气性的因素

影响因素	影响情况
经纬纱密度	密度越大，织物内间隙越小，透气性越差
纱线线密度	线密度越大，透气性越差
纱线体积重量	体积重量越大的织物，透气性差
纱线捻度	捻度越大，纱线越紧，透气性越好
织物后整理	经过缩绒、起毛等后整理后透气性下降
织物回潮率	一般回潮率增加，纱线变粗，透气性下降
纤维截面形态	异形纤维透气性优于圆柱形截面纤维
织物组织	纱线在相同排列密度和紧度的条件下，透气性由弱至强的排序为：平纹组织＜斜纹组织＜缎纹组织＜多孔组织
织物紧度	织物紧度越大，透气性越差
织物厚度	织物越厚，透气性越差
其他因素	当温度一定时，织物透气性随空气相对湿度的增加而呈降低趋势 相对湿度一定时，织物透气量随环境温度升高而下降

🖝【链接】防水透气面料

防水透气面料的主要功能：防水、透湿、透气、绝缘、防风、保暖。从制作工艺上讲，防水透气面料的技术要求要比一般的防水面料高得多；同时从品质上来看，防水透气面料也具有其他防水面料所不具备的功能性特点。防水透气面料在加强面料气密性、水密性的同时，其独特的透气性能，可使结构内部的水汽迅速排出，避免结构滋生霉菌，并保持人体干爽，完美解决了透气、防风、防水、保暖等问题，是一种健康环保的新型面料。

1. 戈尔特斯（GORE-TEX）

戈尔特斯面料（图4-4）是美国W.L.Gore & Associates，Inc.（戈尔公司）独家发明和生产的一种轻、薄、坚固和耐用的薄型面料，它具有防水、透气和防风的功能，突破一般防水面料不能透气的缺点，所以被誉为"世纪之布"。戈尔特斯面料不仅在宇航、军事及医疗等领域广泛应用，更被世界顶级名牌采用，制成各式各样的休闲服装，因而被美国《财富》杂志列为世界上最好的一百个美国产品之一，深受推崇。

图4-4　GORE-TEX面料

2. COOLMAX纤维针织面料

由美国杜邦公司设计的COOLMAX纤维针织面料（图4-5）是通过四管道纤维迅速将汗水和湿气导离皮肤表面，并向四面八方扩散，让汗水挥发更快，时刻保持皮肤干爽舒适。人体流汗，但皮肤表面与服装都不留汗液，持久舒爽透气，冬暖夏凉。此面料还有易洗涤、洗后不变形、易干、面料轻而软、不用熨烫等特点。

COOLMAX纤维针织面料可用于衬衫、裤子、袜子、内衣、帽子、背包。

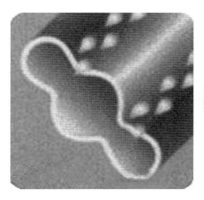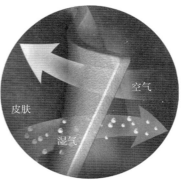

图4-5　COOLMAX纤维针织面料

三、鞋类材料透气性研究

（一）鞋类材料透气性测试

鞋类材料的透气性是影响鞋类产品穿着内环境的重要因素。足部在鞋腔内的温湿度变化直接影响舒适性感觉。例如，真皮皮鞋采用天然皮革，具有天然毛孔，能够吸湿、透气，制成成鞋后，穿着的舒适性能将极大提高。材料的透气性是影响鞋类舒适性的核心指标之一，无论在炎热的夏季还是寒冷的冬季，鞋材的透气性对鞋腔内的微环境质量都起着至关重要的作用。夏季鞋类材料的透气性越好，其越能够帮助鞋类产品散发出更多的热量，保持足部的恒温状态，达到穿着舒适的效果。

鞋类材料根据其透气性能，可分为以下三大类型：

易透气型：在较弱的压差下，也能够发挥透气性能的材料，大多数的鞋类材料都属于此类，如鞋材中的针织物及一般机织物中的棉制品、麻制品等；

难透气型：在较大的压差下才能发挥透气性，一般是紧度较高的织物，如皮革制品、帆布及变形纤维制品。皮革的透气性更多体现为吸湿、透湿的过程；

不透气型：不具有透气性能的材料，如涂层织物、橡胶制品、塑料制品、涂油制品等。

随着现代测试手段和仪器的不断进步，织物透气性的测量方法和结果评定更加趋于完善，不同性质的材料透气性和测量方法会有所不同。目前透气性测量主要通过以下三种原理获得：

保持织物两侧具有一定的压力差，测量单位时间、单位面积通过织物的空气量。

保持织物两侧具有一定的压力差，测量单位体积的空气通过单位面积的织物所需要的时间。

测量一定速度的空气通过单位面积织物时，织物两侧所产生的压力差。

对于纺织服装来说，织物的透气性通常采用第一种原理测定。设织物两侧的空气压力分别为P_1和P_2，且$P_1 > P_2$，空气将从高压向低压流动，即自左向右透过织物进行流动。通过织物空气量的大小与织物两侧的压力差（P_1-P_2）及织物本身的透气性有关。若保持织物两侧压力差恒定，则通过织物的空气流量就仅由织物本身的透气性决定。织物的透气性越好，单位时间内通过的空气量越多；织物透气性越差，单位时间内通过的空气量就越少。可见，保持织物两侧压力差为一定时，测定单位时间通过织物的空气流量，则可以得到织物的透气性。

织物两侧的压力差（P_1-P_2）可以使用一个斜管压力计进行测量。通过织物的空气流量用一个锐孔流量计进行测量，为此透过织物的空气还要流过一只特质的锐孔，空气通过锐孔会发生收缩，然后再扩散，流过锐孔后的空气压力设为P_3。当锐孔直径一定时，压力差（P_1-P_2）的大小与流过锐孔的空气量大小有关。单位时间流过锐孔空气量越大，压力差也会越大。因此，不同的压力差值（P_1-P_2）实际上对应了不同的流量，测得压力差（P_1-P_2）的大小，便可推算出单位时间内通过锐孔的空气流量，即通过织物的空气流量。孔径大小不同的锐孔，压力差（P_1-P_2）相同时，所对应的空气流量也将不同，锐孔孔径越大，同样压力差（P_2-P_3）下所对应的空气流量将越大。为了适应不同透气性大小的织物要求，仪器会备有一套孔径大小不同的锐孔以供选择使用。

（二）不同鞋类材料对透气性的影响

1. 天然皮革

由于天然皮革表面具有天然的毛孔，为空气的通过提供了有效渠道，往往天然皮革比合成革有更好的透气性，合成革表面不具备天然的透气渠道。透气孔隙有利于气体的内外交换，实现较好的帮面透气性能。

2. 纺织物

纺织物与天然皮革相比，由于纺织物纤维孔隙更大，更加有利于气体的通过，因此其透气性更强。在鞋类产品设计过程当中尤其是运动鞋产品，帮面往往大面积采用透气网布，其原理就是人体足部在运动状态下会散发更多热量、分泌更多汗液，因此尤其有必要控制鞋腔内外空气流通来改善鞋腔的温湿度稳定，大面积地把纺织物面料作为帮面。

3. 合成革

合成革等材料，与天然皮革、纺织物不同，合成革等材料往往在表面具有一层致密贴膜，因此其透气性能显著下降，甚至完全丧失。

四、服装材料透气性研究

（一）服装材料透气性影响因素

1. 织物结构

当织物的紧度保持不变，织物的透气率随着经纬纱排列密度的增加或纱线密度的增加而降低。在一定范围内，纱线的捻度增加，纱线的直径和紧度降低，则织物的透气性增强。从织物的组织方面，在相同的排列密度和紧度的条件下，透气性强弱排序为平纹＜斜纹＜缎纹＜多孔组织。

2. 纤维性质及纱线结构

纤维的回潮率对透气性有明显影响。例如，毛织物随回潮率的增加，透气性显著下降，这是由于纤维径向膨胀的结果。纤维表面形状和截面形态，都会因形态的阻挡物和比表面积的增加，导致气流流动的阻力增大。故纤维越短，刚性越大，产品毛羽概率越大，形成的阻挡和通道变化越多，透气性越差。

纱线的结构越紧密，纱线内通透越小，而纱线间的通透越大。纱线的捻度与光洁对通透有利。

3. 环境条件

当温度一定时，织物透气量随相对湿度的增加呈下降趋势。这是由于纤维吸湿膨胀使织物内部空隙减小，且部分水分会堵塞通道。当相对湿度一定时，织物的透气量随环境温度的升高而增加。因为当环境温度升高，一方面使气体分子的热运动加剧，导致分子的扩散，使透通能力增强；另一方面织物整体的热膨胀，使织物的透通性得到改善。

当温度和相对湿度不变时，织物两面的气压差的变化也会影响织物的通气率，且是非线性的。因为气压差越大，通过织物孔隙的空气流速越快，所产生的气阻越大，一方面会引起织物的弯曲变形，产生伸长，增加孔洞，另一方面会压缩纤维集合体的状态和排列，导致孔洞减小、织物密度增加。这两者对透气率的影响是相反的，因此在实际测量的过程中应确定一个干扰小的气压差，作为恒定的测试条件。

图4-6 桑蚕丝

【链接】几种透气性良好的环保材料

桑蚕丝是熟蚕结茧时分泌丝液凝固而成的连续长纤维，是完全纯天然的多孔纤维。桑蚕丝可以自动调节温度，冬暖夏凉，并且有很好的透气性和吸湿性，同时含有十多种氨基酸，可以促进人体的新陈代谢，具有滋养皮肤、增加皮肤细胞活力、防止皮肤老化等功效，被称为"人体蛋白"（图4-6）。

金属纤维是通过将某种金属微丝和天然材质面料编织在一起，利用金属的屏蔽来起到防辐射作用，其中金属纤维面料具有通气性好、易着色、耐洗涤等优点，是目前最常用的面料。金属纤维面料的防辐射服美观，表面光泽，容易着色，款式新颖，制作成本低（图4-7）。

麻应该是一种有"内涵"的面料，自然的哑光质地、垂坠的质感则是另外一种美。而且，如今一部分纺织品公司在生产麻织品的过程当中，添加生物酶形成一种菌进行前期脱胶，减少了污染，让麻的环保内涵更加丰富（图4-8）。

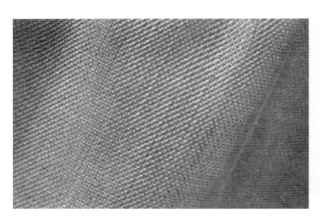

图4-7 金属纤维面料

图4-8 麻纤维面料

（二）织物透气性测试

1. 测试原理

常用织物透气性测试是在一定的压力差下气体通过已知面积的织物，测试气流流量，从而得出织物的透气率。大部分的服用织物可以认为是相对稀疏的，测试使用的压力要求比较低，在这个低压水平下习惯上用真空泵抽出空气来达到要求的压力差，从流量计上读出气体流量。

2. 设备和材料

试验仪器为YG461E型织物透气仪。用于产业用织物、非织造布、涂层织物和其他需要对透气性能进行控制的工业用纸（空气滤芯纸、水泥袋纸、工业滤纸）、皮革、塑料及化工产品的透气性能测试。其他包括剪刀、放大镜等。

3. 试样准备

试样准备：在样品中，用剪样模板剪取10块最小尺寸但至少要比所使用的夹持头大20%的试样。

4. 试验步骤

（1）打开电源、气源，并将联机USB线与计算机连接。

（2）将试验所需的夹持头装上。

（3）将准备好的试样平整地放入试验台上（上、下夹持头中间处）。

（4）打开软件进入"测试界面"，点击菜单栏中的系统管理，进入试样管理，设置好每个试样的编号、名称和规格，以方便测试。点击界面左上角的"设置"进行参数设置，完成后点击"确定"返回"测试界面"，如果测试方案相同，会覆盖原来的结果，请慎重确定是否要覆盖。如果自动寻找孔板，可在"自动寻找孔板"前的小方框打上"√"，点击"测试"试验开始。

（5）试验完成后，得出结果，点击"报告"进行查看、预览结果。如需打印数据，可在"数据查询"窗口点击"预览"弹出"打印报告"窗口，然后点击"打印"即可。

（6）试验结束，整理仪器。

☞【课后拓展】

1. 防水透气面料是一种新型的纺织面料，其成分由高分子防水透气材料（PTFE膜）与布料复合而成。根据不同产品需求作两层复合及三层复合，它被广泛应用于户外服饰、登山服、风衣、雨衣、鞋帽手套、防寒夹克、体育用品、医疗设备等，且被逐步应用于时尚服饰。

2. 我们现在选购服装的时候常常会看到一些如"冰麻""冰丝"的面料，这些面料让消费者从名称上就感觉非常"凉爽"，而事实上这些名称并不是规范的纤维名称。这些名称的面料多属于化纤类，通常是涤纶、黏胶长丝或锦纶丝的纯纺或混纺产品。这类面料的抗皱性好，轻薄，易给人产生凉爽的感觉，但在吸湿透气上却不如棉、麻面料。

☞【想一想】

1. 透气性的定义是什么？材料若不具有透气性将会对服装舒适性产生怎样的后果？

2. 影响织物透气性的因素有哪些？列举其中三项，说明其对织物透气性造成的影响。

3. 目前材料透气性测量主要通过哪几种原理获得？

4. 织物透气性的测试标准有哪些？

5. 气体透过织物的途径有哪些？

6. 按透气性的难易程度，服装材料分为哪几种类型？

7. 透气性有哪些测量方法？

第二节　材料透湿性

【知识点】
1. 了解透湿性的定义。
2. 了解服装的湿传递途径。
3. 了解影响织物透湿性的因素。
4. 了解透气性的测量方法。

【能力点】
1. 能够分析人体在不同出汗状态下织物的透湿途径。
2. 能够由影响织物透湿性的因素分析织物透湿的原因。
3. 掌握透湿性的测试方法。
4. 掌握用透湿试验仪测试服装材料的透湿性。

一、透湿性

透湿性指湿汽透过织物的能力，是织物对气态水的行为。通过水分蒸发散热是人体调节体温的有效手段，当人体在高温环境下或从事强度比较大的体力活动时，人体需要通过大量出汗，以水汽蒸发的方式帮助人体向外界散发热量，来维持人体的热平衡。如果服装的透湿性差，人体产生的汗液将不能得到及时散发，水汽将在人体和服装内表面积聚，人体会感觉到闷热，产生不舒适感，体温上升，导致疾病，甚至死亡。

皮肤表面的出汗情况通常分为无感出汗和有感出汗，即气体汗和液体汗。当人体皮肤表面无感出汗时，汗液以水汽的形式蒸发，皮肤表面看不到汗液，此时服装的湿传递状态为水汽；皮肤表面有感出汗时，可以看到皮肤表面的汗液，此时服装的湿传递状态为液态水。汗水的传递方式有如下几种：

一是汗液在服装内部的微气候环境中蒸发成水蒸气，气态水通过服装的纱线与纱线之间、纤维与纤维之间以及纤维内部的微小空隙进行传递。

二是汗液在服装内部的微气候环境中蒸发成水蒸气后，气态水在织物内表面纤维孔洞和纤维表面凝结成液态水，凭借纤维本身所具有的吸湿能力和防湿能力将液态水运输到织物表面，再重新蒸发成水汽扩散到外部环境中去。

三是汗液直接以液态水的形式接触织物，进入织物的内表面，同样凭借纤维本身所具有的吸湿能力和防湿能力将液态水运输到织物表面，蒸发成水汽扩散到外部环境中去。

可见，不同的出汗状态下，服装材料的湿传递机理及途径是不同的，人体在无感出汗和排汗初期排出的汗液为气态水，此时服装的湿传递主要以第一和第二种方式为主；而人体在有感出汗时汗液和汗气同时存在，衣下微气候的湿度较高，汗水的传递主要以第二和第三种为主。

在这里需要了解一下芯吸效应。芯吸效应指在毛细力作用下，流体发生宏观流动的现象。毛细现象的实质为液面的曲率差导致流体内部产生压力差，按照流体力学的规律将发生从高压处向低压处的流动。因为毛细管的压力是由润湿所引起的，芯吸是毛细效应自然润湿的结果，因此纤维材料的润湿能力是芯吸发生的先决条件。在不同的环境下，服装的芯吸效应发挥的效用不同。由人体着装实验表明，在冬天寒冷环境下穿着服装，服装内的含水量很少能达到足以引起芯吸作用的程度，尽管皮肤上蒸发的水分完全能在较冷的服装表面层凝结，但是还不足以充满织物内的毛细管而形成连续的毛细管道，构成输液结构的方式。与其相反，夏天穿用的服装，芯吸作用可以促使织物的快速干燥，在湿含量较高的情况下可以促进散热。

【链接】NIKE SPHERE-DRY面料

该面料来自NIKE的SPHERE系列，采用独特的三维编织结构和功能面料相结合。内部形态类似细胞，每个独立单元可以是圆形或者六角形，贴近皮肤处采用吸汗性能极佳的纤维，外部为微孔排汗面料。穿着时，内层凸起结构保证流汗时绝不黏身，提供极强的排汗透气功能。

【链接】DRI-FIT面料

来自NIKE的FIT系列，F代表功能（Functional），I代表创新（Innovative），T代表技术（Technology）。DRI-FIT是Nike独家研发的微细纤维物料制造出来的面料（图4-9）。该面料排汗快速，专为保持运动舒适性而设计。独特的DRI-FIT超细纤维能使水分通过虹吸作用沿着纤维传送至衣服表面迅速蒸发。DRI-FIT面料功效持久，穿着时贴近皮肤表层，可以提供优良的排汗功能及舒爽感。

 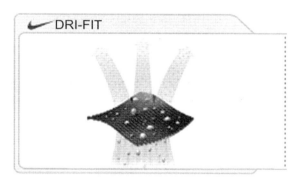

图4-9 DRI-FIT面料

二、影响织物透湿性的因素
（一）服装因素
1. 服装款式

服装的款式设计会影响服装的透湿性。宽大、开口大的服装透气性好，透湿指数大；连身的服装或者在颈部、手腕及脚踝处收口紧的服装透气性差，透湿指数小。例如，密闭的特种服装，透气性非常小或几乎没有透气性，透湿指数很小或几乎为零。

2. 织物结构

一般情况下，织物越厚，其湿阻也越大。因为织物厚度越大，水汽通过织物间的孔隙所需经历的路径长，纤维间的接触点越多，对水分子传递的阻碍也会越大。

织物的紧密度与透湿性也有紧密关系。试验结果表明。当织物紧密度较低时，各种纤维织物的湿阻区别不大。当织物的密度因子达到0.4或以上时，纤维表面不光滑、纤维截面不规则、吸湿性好的纤维，如棉、羊毛织物的湿阻增大幅度较小；但锦纶、氯纶、玻璃纤维等化学纤维湿阻将急剧上升。可见吸湿性好的棉、羊毛等纤维织物的湿阻明显低于非吸湿性纤维织物的湿阻，纤维亲水性对织物传湿性的影响是通过织物紧密度来决定的。

3. 织物后整理

涂层或浸渍等织物后整理会增加织物的湿阻。因为它增加了水汽通过织物的路径或堵塞了织物的空隙。然而，亲水整理会使织物的透湿性增加，拒水整理一般不影响织物的透湿性。

（二）环境因素

1. 温度

$$D=2.23\times10^{-5}\left(\frac{T_a+273.15}{273.15}\right)\frac{P_b}{2P}$$

式中：T_a——空气温度，℃；

P——大气压，Pa；

P_b——标准大气压，101325Pa。

水蒸气在空气中的扩散系数随温度的升高而呈指数增加，因此环境温度的增加对织物的透湿性有着显著增加的影响。

2. 湿度

环境湿度对服装透湿性的影响主要需考虑环境中水蒸气的分压。人体皮肤上的汗液蒸发后，水蒸气通过服装纱线之间的空隙扩散至周围空气之中，这个蒸发过程取决于水蒸气压差。环境中水蒸气分压增大时，水蒸气压差会变小，蒸发散热阻力增大，蒸发散热量减少，织物透湿指数减小。

3. 风

风速大时，服装的热阻值会随风速的增加而降低，透湿性则会随风速的增大而增大，可见环境的气流速度增加将有利于服装的传热和传湿。风速增大，服装透视指数增大，更有利于水汽的蒸发散热。

4. 大气压

水蒸气在空气中的扩散系数与大气压强呈反比。水蒸气在空气中的扩散速度随着大气压强的降低而增加，服装的透湿性也随着降低。

（三）人体运动因素

人体运动对服装透气性的影响实质上是服装内外空气流动速度增加了对透湿指数的影响。人体在活动时或产生相对风速，衣下空气层会发生对流。人体的运动速度对相对风速以及空气对流产生直接影响。人体在进行活动时，代谢快、出汗多，虽然在这种情况下，对流散热有所增加，但是汗液蒸发仍然是在散热中起着主导作用，因此透湿指数将会增大。人体在进行活动时，一方面透湿指数增大，另一方面服装热阻下降，因此蒸发散热效率将会增加。

三、透湿性的测试方法及步骤

（一）织物的透湿性测试方法

1. 吸湿法

吸湿法又称干燥剂法，是将织物试样覆盖在装有吸湿剂（如无水碳酸钙、氯化钙等）的容器上，覆盖的接缝处须用石蜡密封，放在一定温度及湿度的实验室内或者恒温恒湿箱内大约0.5～1小时后，测定吸湿剂试样面积，即可计算出织物透湿量：

$$U = \frac{24G}{t \cdot A}$$

式中：U——织物的透湿量；

　　　G——吸湿剂的增重量；

　　　t——试样的测量时间；

　　　A——水的有效蒸发面积。

吸湿法的优点是测试时间较短，通常2小时即可得到实验结果。

2. 蒸发法

将试样覆盖在盛有蒸馏水的容器上端，在一定温度、湿度的环境下或在恒温恒湿箱中放置一定时间。根据容器内蒸馏水减少的质量和试样的有效透湿面积，计算出织物的透湿量和透视率：

$$B = \frac{G}{G_0} \times 100\%$$

式中：B——织物的透湿率；

　　　G——覆盖试样的容器单位时间水的蒸发量；

　　　G_0——未覆盖试样的容器单位时间内水的蒸发量。

蒸发法的优点为操作简单，能在静态条件下定量比较织物的透湿性；而缺点是杯中水位的高低会影响杯中气态水的饱和程度，只有当水位非常接近织物时，才可认为杯中气态水达到了饱和状态，否则杯中的空气层会阻抗湿传递，这种静止空气的阻抗导致透湿量显著下降。

（二）织物透湿性测试步骤

1. 测试原理

把盛有吸湿剂或水并封以织物试样的透湿杯放置于规定温度和湿度的密封环境中，根据一定时间内透湿杯（包括试样和吸湿剂或水）质量的变化，计算出透湿量。

2. 设备

（1）仪器为YG501D-Ⅱ型透湿试验仪，它由自控机房和调湿室及烘箱部分组成，自控机房内的风机制冷、加热、加湿组成一个封闭循环回路，其风速是恒定的初始逆风。当温度和相对湿度低于设定的温度和相对湿度时，由加温和加湿装置在控制器下进行自动加温和加

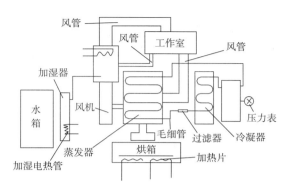

图4-10 透湿性测试设备工作原理图

湿，以达到要求参数；当温度和湿度高于参数时，由控制器控制冷系统进行降温和去湿，最后达到恒温恒湿（图4-10）。

（2）透湿杯及附件。透湿杯内径为60mm，杯深22mm。

（3）精度为0.001克的天平，以及干燥器、量筒等。

（4）试剂：吸湿剂为无水氯化钙，使用前须在烘箱中干燥3小时。

3. 试样

直径为70mm，每个样品取三个试样，当样品需测两面时，每面取三个试样，涂层试样一般以涂层面为测试面。

4. 开机准备

（1）开机前先检查电源是否是220V交流电，接地端接地是否良好，并接上电源。

（2）仪器左下方有一个注水孔，进行注水，注到两个指示灯都亮（左边为上限灯，右边为下限灯，在开机前最好将水注到左边灯亮停止加水，一次加满水后可连续工作24小时）。

（3）参数设定。监视器中D200为温度设定数据，D201为湿度设定数据。

设定范围：K50<=D200<=K450，即5～45℃；K50<=D201<=K950，即5%RH～95%RH。

注：末位为小数位（由于无法显示小数点）。

参数监视：D0为设定温度显示，D1为实际温度显示，D2（"K1"表示正在加热；"K0"表示停止加热），D3为设定湿度显示，D4为实际湿度显示，D5（"K1"表示加湿开，"K0"表示加湿关），D6（"K0"表示正常，">K0"表示有故障），D7（上次故障显示）。

5. 试验步骤

（1）试验条件：温度38℃，相对湿度90%，气流速度为0.3～0.5m/s。

（2）向清洁、干燥的透湿杯内装入吸湿剂并使吸湿剂铺平。吸湿剂的填满高度为距试样下表面位置3～4mm。

（3）将试样测试面朝上放置在透湿杯上，装上垫圈和压环，旋上螺帽，再用乙烯胶带从侧面封住压环、垫圈和透湿杯，组成试验组合体。

（4）迅速将试验组合体水平放置在已达到规定试验条件的试验箱内，经过0.5小时平衡后取出。

（5）迅速盖上对应的杯盖，放在20℃左右的硅胶干燥器内平衡0.5小时。然后按编号逐一称重，称重时精度准确至0.001克，每个组合体称重时间不超过30秒。

（6）拿去杯盖，迅速将试验组合体放入试验箱内，经过1小时试验后取出，按上一条中的规定称重，每次称重组合体的先后顺序应一致。

6. 试验结果

试样透湿量按下式计算：

$$WVT = \frac{24\Delta m}{S \cdot t}$$

式中：WVT——每平方米每日（24h）的透湿量，$g/m^2 \cdot d$；

T——试验时间，h；

Δm——同一试验组合体两次称重之差，g；

S——试样试验面积，m^2。

算出三个试样的透湿量平均值。

☞【课后拓展】

吸湿排汗面料介绍：

吸湿排汗面料被我们常称为"吸湿快干布料"或"可呼吸面料"，英文Moisture Wicking Fabric, Moisture Absorption Perspiration Fabric。吸湿排汗纤维一般具有较高的比表面积，表面有众多的激孔或沟槽，其截面一般为特殊的异形状，利用毛细管效应，使纤维能迅速吸收皮肤表面湿气与汗水，通过扩散、传递到外层散发。

吸湿排汗面料主要有涤纶吸湿排汗面料和尼龙吸湿排汗面料。由于涤纶是一种结晶性很高的纤维，分子主链中没有亲水性基团，呈疏水性，吸湿排汗很差。因此服装穿着透湿性差，有闷热感，又有静电易于积累引起的种种麻烦。综观吸湿排汗涤纶的开发，主要是通过物理和化学改性，或两者结合方法实施。

☞【想一想】

1. 透湿性的定义是什么？透气性差的织物对人体有什么影响？
2. 服装的湿传递途径根据人体出汗状态的不同分为哪几种？
3. 请列举影响织物透湿性的因素，以及分别对织物透湿性造成怎样的影响。
4. 透湿性有哪些测量方法？各自的优缺点是什么？
5. 织物透湿性测试步骤。

第三节　材料吸湿吸水性

【知识点】

1. 了解吸湿吸水性定义。
2. 了解吸湿机理。
3. 了解影响吸湿吸水性的内部因素。
4. 了解吸湿吸水性指标。
5. 了解吸湿吸水性对纺织材料的影响。

6. 了解鞋类帮面材料的吸湿吸水性能测试。

7. 初步掌握毛细管效应测定测试步骤。

【能力点】

1. 能够由影响织物吸湿吸水性的因素分析织物吸湿吸水性的原因。

2. 掌握吸湿吸水性的原理。

3. 具备选择鞋用吸湿吸水性材料的能力。

4. 掌握用毛细管效应测定仪测试服装材料的吸湿吸水性。

一、吸湿吸水性定义

夏季温度较高，人体散发出来的热量多，鞋腔之内产生大量的汗液如果不能迅速向鞋腔外排出，会给人体带来不适；秋冬季节温度较低，人体散发出来的热量较少，相应的鞋腔之内就能保持一个干爽的状态。

所谓吸湿性是指材料在一定温度和湿度下，吸附水分的能力，其大小用含水率表示。吸附水分后材料中含水率越高，材料的吸湿性能就越强。

所谓吸水性是指材料在水中，通过毛细管孔隙吸收并保持其水分的性质，是指材料在水中吸收并保持水分的能力。与吸湿性不同，吸湿性是材料在空气中吸附空气中水分的能力，而吸水性是指材料在水中吸附水分的能力。

服装在穿着过程中，常常会遇到受潮、洗涤、干燥等变化，在这些变化中，制成服装的纤维原料有时能吸收液态水（称为吸水性），有时会吸收气态水，有时也能放出气态水，使服装逐渐干燥。这种吸收和放出水的能力称为纤维的吸湿性。纤维原料吸湿性的好坏，对所制成服装的穿着舒适性影响很大。

织物的吸水性是对液态水的吸收行为，是织物吸收液态水的性能指标，对于服装而言即为吸收汗水多少的指标。服装材料的吸水性受纤维原料本身的结构、组成、表面形态、纱线密度、加工方法等诸多因素的影响。对于夏季服装及运动服装尤为重要。

所谓吸湿机理，是指水分与纤维的作用及其附着与脱离的过程。水分子在纤维中的存在形式有：

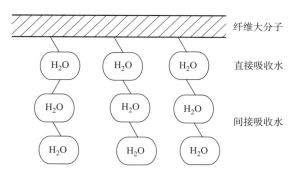

图4-11 吸湿机理

直接吸收水，即亲水性基团直接吸着的水；间接吸收水，即直接吸收水本身因具有极性而再吸着的水。

间接吸收的水分子存在于纤维内部的微小间隙中成为微毛细水，当湿度很高时，间接吸收的水分子可以填充到纤维内部较大的间隙中成为大毛细水。大毛细水的结合力除氢键引力以外，包括范德华力、表面张力等，所以结合力小（图4-11）。

二、影响吸湿吸水性的内部因素

（一）亲水基团的作用

亲水基团的作用是影响吸湿性的最本质因素。亲水基团的数量越多，极性越强，纤维的吸湿能力越高。

（二）结晶度和聚合度的影响

化学组成相同的纤维，吸湿性不一定相同，因内部结构不同。结晶度增大，吸湿性减小（吸湿主要发生在无定形区）；聚合度增大，游离基团减小，吸湿性减小。

（三）纤维的比表面积和内部空隙

1. 比表面积

比表面积指单位体积的纤维所具有的表面积。纤维的表面具有吸附作用。纤维的比表面积越大表面能越高，表面吸附的水分子数则越多，吸湿性越好。细纤维的比表面积大，故比粗纤维的吸湿性好些。

2. 纤维内部孔隙

内部孔隙越多越大，水分子越易进入，纤维的吸湿能力越强。

（四）纤维内的伴生物和杂质

纤维的各种伴生物和杂质对吸湿能力也有影响。棉纤维中有含氮物质、果胶、棉蜡、脂肪等；羊毛表面的油脂（拒水）；麻纤维的果胶和蚕丝中的丝胶；化学纤维表面的油剂。以上列举的伴生物和杂质，其含量越多，纤维的吸湿性将越差。

三、吸湿平衡

大气条件变化，纤维含湿量变化，一定时间后趋于稳定，这时进入纤维中的水分子数量等于从纤维内逸出的水分子数，这种现象称为吸湿平衡，是一种动态平衡。吸湿指进入纤维中的水分大于放出的水分；放湿指进入纤维中的水分小于放出的水分。

回潮率与含水率：

回潮率：$W = \dfrac{G-G_0}{G_0} \times 100\%$

含水率：$M = \dfrac{G-G_0}{G} \times 100\%$

式中：G——纺织材料湿重；

G_0——纺织材料干重。

平衡回潮率：纤维材料在一定的大气条件下，吸、放湿作用达到平衡稳定的回潮率，称平衡回潮率。

标准回潮率：标准回潮率指纤维材料在标准大气（温度20℃，相对湿度65%）状态下，吸放湿作用达到平衡稳态时的回潮率

标准重量Gk：纺织材料在公定回潮率时的重量叫标准重量，也叫公定重量。

$$标准重量 = \dfrac{称见重量 \times （1+公定回潮率）}{1+实际回潮率}$$

四、吸湿吸水性对纺织材料的影响

（一）对重量的影响

纤维材料的重量随吸着水分量的增加而成比例地增加。

（二）对长度和横截面积的影响

吸湿后纤维体积膨胀，且即横向膨胀远远大于纵向膨胀。纤维吸湿膨胀的各向异性，会导致织物变厚、变硬并产生收缩（图4-12）。

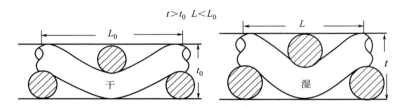

图4-12　织物吸湿前后织物结构的变化

（三）对密度和体积的影响

开始密度随着回潮率的增大而增大，以后随着回潮率的增大而减小（图4-13）。

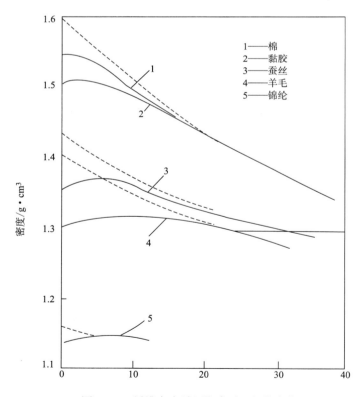

图4-13　纤维密度随回潮率（%）的变化

（四）对机械性质的影响

（1）对强力的影响：一般纺织材料强力随吸湿增大而减小（棉、麻除外），黏胶湿强下降非常显著。水分子进入之后拆开了大分子之间的交联，分子间力减小，大分子易滑脱，故强力降低。

（2）对断裂伸长的影响：回潮率增加，伸长有所增加。

（3）对摩擦系数的影响：随着吸湿性的增大，摩擦系数增大。

（五）对热学性质的影响

（1）吸湿放热，纤维在吸湿时会放出热量，这是由于运动中的水分子被纤维大分子吸附时，水分子会将动能转化成热能而释放。

（2）吸湿应用，吸湿放热与保暖性，有助于延缓衣料温度的变化。吸湿放热与纺织材料储存，仓库潮湿、通风不良可引起发热发霉，甚至自燃。

（六）对电学性质的影响

回潮率增大，质量比电阻下降，减缓静电现象。

（七）对光学性质的影响

回潮率升高时，纤维的光折射率下降。

五、鞋类帮面材料的吸湿吸水性能测试

评价鞋类产品的吸湿、吸水性主要有两个技术手段：

一是整鞋的称重法，是模拟人体出汗的测量装置，将该测量装置套上鞋类产品，以规定的速度和时间向鞋腔内输入水汽，经过一段时间的测试之后，来比较测试前和测试后的重量变化，就能知道材料的吸湿、吸水性到底发生了怎样的变化。值得注意的是，整鞋的吸湿吸水性能好，并不代表舒适性一定会高，还应该具有排湿排水能力，即较高的蒸发率。测试内容包括，袜子水分蒸发率，鞋内里蒸发率，内衬蒸发率，面革蒸发率，鞋垫蒸发率。

二是温湿度计测量评价，湿度计的使用和评价。通过对鞋腔温度的穿着前后测试温度和湿度，能够发现湿度变化的大小及快慢。通过这样的方法，来实现对不同鞋类产品鞋腔吸湿、吸水性能的测试，通常手持式温度计来评价，相对湿度是零到百分之百，使用温湿度测试仪来评价鞋腔的湿度，可以观察鞋腔湿度变化的快慢，通过这个指标来评价不同鞋类产品的吸湿、吸水性能。

六、织物吸湿吸水测试步骤

（一）测试原理

将纺织材料垂直放置，下端浸在液体中，在规定时间内测量液体沿纺织材料上升的高度，以此表示芯吸效应的程度。

（二）设备和材料

（1）使用仪器为YG871毛细管效应测定仪，测试仪由长方形的容器和试样架组成，容器至少能装3.5L水，由控温装置保持（27±2）℃的恒温。试样架上装有10根标尺，长30cm以上，最小刻度值为0.1cm。

（2）温度计。

（3）张力夹多个，每个约重3g，使织物不漂浮、不伸长。

（三）试样

（1）织物试样：每个样品的经、纬向分别剪3条，每条试样长约30cm，宽不小于2.5cm。

（2）纱线试样：用适当方法将纱线试样紧密绕成30cm×2.5cm的薄片，每个样品至少制备3份试样。

（四）试验步骤

（1）将蒸馏水或0.5%的重铬酸钾溶液注入仪器的恒温槽内。

（2）使恒温槽内的液体温度保持在（27±2）℃。

（3）调整仪器，使液面处于各标尺的0位处。

（4）用标尺上的试样夹固定试样的一端（应垂直放置）。

（5）在离试样下端8~10mm处挂上3g的张力夹，张力夹上平面应与标尺的0位线对齐。

（6）试验时间为30min。时间一到，立即量取每根样条的渗液高度。当渗液高度参差不齐时，量取渗液的最高值与最低值。

（五）试验结果

（1）记录测试条件及每条试样的渗液平均值或最高值、最低值。

（2）计算芯吸效应：

$$H = \frac{\sum\limits_{i=1}^{n} h_i}{n}$$

式中：H——试样的平均芯吸效应，cm/30min；

$\quad\quad n$——试验次数；

$\sum h_i$——各条试样芯吸效应的最低值总和（计算到小数2位，修约至1位小数）。

☞【课后拓展】

　　芳纶因其优异的热力学性能广泛应用于国防军工、航空航天等领域。应用的主要品种有间位芳纶和对位芳纶，但芳纶因吸湿而含有的水分不仅影响其物理化学性能川，还对贸易核算有很大的影响。纤维材料中的水分含量通常用回潮率和含水率表达。标准回潮率是将纤维放在统一的标准大气条件下一定时间后，使其回潮率在"吸湿过程"中达到一个稳态值，这时的回潮率为标准状态下的回潮率。测量方法为：先将试样预烘干处理，烘至恒重，在标准大气条件下调湿至湿平衡，再烘至恒重，测试芳纶的标准回潮率。

☞【想一想】

1. 织物吸湿吸水性的定义是什么？

2. 纤维的吸湿机理是什么？

3. 有哪些内部因素会影响吸湿吸水性？

4. 吸湿吸水性对纺织材料有哪些方面的影响？

5. 评价鞋类产品的吸湿、吸水性主要有哪些技术手段？

6. 使用毛细管效应测定仪测定织物的吸湿吸水性的主要步骤有哪些？

第四节　保暖散热性

【知识点】

1. 了解保暖散热性的定义。
2. 了解服装的热传递。
3. 了解影响服装保暖散热性的内部因素。
4. 了解服装保暖散热性的测量方法。
5. 了解人体活动对保暖散热性的影响。
6. 了解环境因素对保暖散热性的影响。
7. 了解服装保暖散热性的测量方法。

【能力点】

1. 能够由影响服装保温散热的各因素综合分析影响服装保暖散热的原因。
2. 掌握保暖散热性的测量方法。

一、保暖散热性的定义

材料在有温差的情况下，热量会从高温部位向低温部位进行传递，这种性能被称为导热性，而抵抗这种传递的能力称为保暖性。

人体在寒冷的环境中，需要服装阻断大部分由人体辐射的长波红外线，以维持人体恒定的体温。另外，服装面料的纱线空隙中和纺织品纤维中含有大量不活动的空气，这些静止的空气导热系数小，显著减少了服装内表面向外表面传递的热量。

而当人体处于温度较高的环境中时，或者人体在剧烈运动后，人体产生大量的热量，此时则需要服装具有良好的散热性能，将人体所散发的热量传递到外空间去，保持人体的凉爽舒适。

保暖的服装材料通常分为两种：一种是消极的保暖材料，它是通过单纯阻止或减少人体热量向外散发而达到保暖的目的，如天然棉、羽绒、裘皮以及各种天然纤维、化纤絮片等，这种类型材料代表了传统的保暖理论；而另一种则是积极的保暖材料，这种材料不仅遵循了传统的保暖理论，更能够吸收外界的热量，进行储存并向人体传递以产生热效应，常用的外界能量有电能、化学能、生物能以及太阳能，远红外棉是其中一种典型的积极保暖材料。

二、服装的热传递

（一）导热系数

导热系数 λ 表示材料两表面的温差为1℃，距离为1m时，1h内通过每平方米截面积所传导的热量，用 λ 表示，λ 值越大，表示导热性能越好，保温性能越差。

$$\lambda = \frac{QL}{S \cdot \Delta T \cdot t}$$

式中：Q——通过材料的热量，J；

L——材料的厚度，m；

S——材料的截面积，m^2；

ΔT——材料两表面间的温差，℃。

常用的纺织纤维及水与静止空气的导热系数如表4-2所示。由此看出，在室温20℃时水的导热系数值与纤维相比要大很多，可见湿纤维的导热系数要比干纤维大很多，保暖性下降。静止空气的导热系数小于普通常用纤维，热传导性能差，可见纺织服装内部若适当地增加静止空气层或适当地降低纤维制品的体积重量，也能降低其导热系数，改善纤维制品的保暖性。另外，羊毛及一些化学短纤维的纤维具有卷曲性，使得织物的含气量较大，导热系数相对于其他纤维小，保温性能好。

表4-2　各种材料的导热系数　　　　　单位：W/（m·℃）

材料	导热系数	材料	导热系数
棉	0.071～0.073	涤纶	0.084
羊毛	0.052～0.055	腈纶	0.051
蚕丝	0.05～0.055	锦纶	0.244～0.337
黏胶纤维	0.055～0.071	丙纶	0.221～0.302
醋酯纤维	0.05	氯纶	0.042
羽绒	0.024	静止空气	0.027
木棉	0.32	水	0.697

注　室温20℃。

（二）热阻

$$\frac{Q}{S} = \frac{\Delta T_t \cdot t \cdot \lambda}{L}$$

式中：$\dfrac{Q}{S}$ 为热流量，W/m^2；

ΔT——材料两表面间的温差，℃；

$1/\lambda$——热阻。

热阻的物理学意义是试样两面的温差与垂直通过试样单位面积织物的热流量之比，同电流通过导体的电阻相似。热阻的值越大，表示织物的保暖性越好。与导热系数相比，热阻的测量可以避免织物厚度测量带来的影响，而且织物热阻的测量使得织物的热阻值可参与热环境的热损耗等计算，因为织物各层的热阻可相加。但是这种热阻的表达方式不便于记忆，也不便于描述服装的隔热性能。

克罗值的定义：即在气温为21℃，相对湿度小于50%，风速不超过0.1m/s的室内，一个身体健康的成年人静坐保持舒适状态时所穿衣服的热阻为1Clo。与物理单位$m^2 \cdot$ ℃/W相比，该单位将人的生理参数、心理感觉和环境条件相结合，更容易被理解。

三、影响服装保暖散热性的因素

（一）纺织纤维的导热系数

织物由纺织纤维构成，纤维的导热系数对织物的保暖性具有直接影响。常用的纺织纤维在理论上，导热系数小的纤维织造而成的织物保暖性好。但实际上，织物中含有大量的静止空气，其导热系数远远小于纺织纤维，对服装的保暖性具有更大的贡献。因此，对于规格相同的织物，不同纤维种类会对织物保暖性造成影响，但所起的作用并不大。

（二）织物厚度

一般情况下，织物的厚度越大，其保暖性越好。织物的厚度取决于纺织织造方法，纱线细度、织物组织以及织物密度都是织物厚度的影响因素。通常是平纹布厚度较小，蓬松的毛料厚度较大。

（三）纺织材料的密度

服装材料在厚度相同的情况下，由于材料的密度不同，其导热性能也会不同。服装材料的密度与织物中死腔空气的含量有着重要关系，同样厚度的服装材料，密度越小，包含的死腔空气将会越多，织物内含有的死腔空气多，材料的隔热性能就好。

（四）织物的表面状况

织物的表面状况也会影响织物的保暖性，织物表面往往附有一层较薄的静止空气层，表面粗糙、毛羽丰富或起毛织物，其表层所含有的静止空气会比表面光洁的织物多，因此保暖性会好。

棉纤维有中腔，其中含有较多的静止空气；而羊毛纤维外面有较多的鳞片层，在鳞片层和皮质层之间含有较多的静止空气；腈纶纤维卷曲，富含静止空气，因此它们都有较好的保暖性。纱线捻度越小，织物越蓬松、厚实，所含静止空气也越多，保暖性越好。腈纶纤维卷曲较多且非常蓬松，在织物中也就含有较多的静止空气，因此它的保暖性较好，甚至略高于羊毛。现在的起绒织物，以及近些年来开发出来的多孔棉，都是通过增加含气性来提高保暖性的。蓬松的织物和多孔的纤维织物有利于纱线、纤维和织物间静止空气的保留，保暖性较好。但过于稀疏的织物虽含有较多的空气，但空气的流动性增强，并不利于保暖，这类织物透气性较好，适合制作夏春秋季服装。

（五）保养

服装材料的保暖性会随着使用次数、洗涤次数的增加而下降，特别是对于一些起毛面料如法兰绒等，使用初期的含气量都比较大，保温效果好，但是使用过程中，织物的绒毛会逐渐被磨掉，气孔将会缩小，保温能力迅速下降，此时可以通过对织物再进行磨毛和剪毛，以恢复原先的功能，增加含气量，提高织物的保暖性能。

四、服装样式和着装

（一）服装在人体表面的覆盖率

服装覆盖部分的人体表面积与人体总表面积的比值称为服装在人体表面的覆盖率。服装覆盖人体表面积的多少也会对服装的热阻造成影响。例如，人体某一部位穿上一件服装，该部位的散热量将会减少。若在已穿服装部位再套上一件服装，该部位的散热量会进一步减少，其他部位散热量保持不变；但是将新加的这件服装覆盖原先没有覆盖服装的其他部位上，那么这一部位的散热量也将减小。虽然人体在这两种情况下散热量都会减少，但是后者要比前者的散热量减少效果更明显。

此外，即使是在相同的人体表面覆盖率下，由于人体部位和形状不同，服装的保温效果也会不同。例如，人体下肢的覆盖效果比上肢的覆盖效果大，人体头部不加防护时的散热量相对其他人体部位要大。

（二）服装的合体程度和松紧度

不同合体程度和松紧度的服装将会使服装各层之间及服装与人体表面间的空气层厚度与分布不同，服装内所包含的空气层的厚薄直接影响服装的热阻。例如，紧身弹力针织衫或者由于出汗而紧贴皮肤的内衣，其内层空气层厚度为0，而宽松的衬衫则具有较厚的内部空气层，所以宽松衬衫的保暖性相对要小。为了使服装具有一定的保暖功能，需要保持服装织物内服装各层之间具有适当的静止空气层。

（三）服装的开口

服装内部的空气出口处称为服装的开口，如领口、袖口、下摆和门襟等部位，这些开口的方向、形状及大小等都会影响服装内部的热湿和空气的流动。服装开口的方向可分为向上、向下和水平，其开口大小对服装热阻的影响是多方面的，更多的影响是造成服装不同程度的烟囱效应、台灯效应及风箱效应，其具体定义如表4-3所示。

表4-3　服装开口对服装热阻的影响

效应	定义
烟囱效应	指人体在静止时，服装内的空气层，尤其是服装与人体之间的空气层，由于被人体加热而具有较小的密度，沿体表形成上升的气流，服装外部的环境空气一般情况下要低于人体表面温度而具有较大的密度。因此，通过服装的开口部分，如下摆到领口，内外空气可形成由密度差造成的自然对流，从而大大增加了人体散热量，使服装的实际热阻降低
台灯效应	指当服装向上开口封闭时，热气流可以透过透气性好的服装顶部，发挥散热的作用。将服装开口由垂直状态经倾斜45°，再至水平旋转，其散热量将明显减少，水平开口放热比向上、向下开口小
风箱效应	指在人体活动时，由于频繁改变服装各层之间以及服装与人体表面之间的空间大小，这部分空气就如同用泵抽吸一样被强制流动，造成增加人体散热和降低服装热阻的结果

开口部位的大小和松紧还可以使环境气流通过开口部位进入服装内部，破坏内部空气层的静止状态而增加散热量。因此，在天冷时人们会穿着高领衫、紧袖口与紧下摆的夹克衫，就是为了减少开口部位的空气流通，提高服装的保暖性。

（四）多层服装

着装件数的增加能使服装间的空气层增加，从而增加了静止空气层的隔热作用，使服装的保暖性能增强。但是穿着的层数太多时，内层的服装会受到各层服装重量压迫，隔热值不仅不会增加，反而会下降。一般情况下，厚度在5~15cm时服装的保暖效果较好，超过这个厚度就会降低。此外，服装的着装顺序不同时，保暖效果也会不同。例如，在刮风强烈的环境下，将含气量大、织物密度稀疏的针织衫穿在内层，将透气性小、织造紧密的织物穿着在外层，会具有良好的保暖效果。

五、人体活动

（一）人体姿态

在服装热阻测试中，通常采用的是站姿，有研究表明，同样条件下，坐姿时服装的热阻会减少15%，可见人体的姿势也会对服装的保暖性造成影响。因为当人体坐着时，穿着的服装表面的空气层会比站着时要少，另外，人坐下时裤子的臀部和膝部被压缩，导致服装各层间的空气层也随之减少。

（二）人体动作

人体运动时，会带动周围空气产生风速，同时衣下空气层对流也将增加，产生鼓风作用。因此，运动的人体会受到自然风、相对风速以及衣下空气鼓风的三者联合作用，令服装的保暖性下降。

（三）人体出汗

人体在进行活动时会出汗，服装因吸汗而变潮湿，纤维吸湿后导热系数增大，使服装的保暖性减小。

六、环境因素

（一）环境温度

环境温度对服装保暖性的影响包括三方面：第一，某些纤维在不同温度下具有不同的弹性，使服装织物的厚度及服装面积系数发生变化；第二，服装内外空气层的导热系数发生改变；第三，服装织物纤维的导热系数发生了改变。

（二）环境湿度

服装中的水分有两种类型：一种是吸湿性水分，它是由纺织纤维从大气中吸收水蒸气集聚在织物纤维的表面，一般用回潮率来表示；另一种是中间水分，它是呈水滴状充满于衣料纱线的空隙中，并且因毛细管现象沿着纱线纤维铺展，形成毛细水分。吸湿性水分通常状况下都是存在的，而中间水分则只有当服装被汗水或雨水浸湿和环境温度很高时才存在。

（三）风

风对服装保暖性的影响主要包括两方面，即风速的大小和风的方向。一方面，风对服装本身热阻的影响表现为加强了服装开口部位内外空气的对流，也可以直接渗透到多孔疏松的服装内部，扰乱衣下空气层和衣料纱线之间的静止空气。另外，风还可以压缩局部的服装，改变服装内空气层的厚度，这都会降低服装的热阻值。另一方面是风的方向，垂直于人体纵轴的气流，即透膛风，对服装热阻的影响最大，侧风的影响较小。

（四）大气压

在高原等大气压较低的地区，由于空气密度小，空气在织物的纤维或纱线间的密度也将减小，使服装的热阻增加，保暖性下降。

七、服装保暖散热性的测试方法

对于服装制作所用织物进行保暖性测试的方法主要包括恒温法、冷却法；对于整体服装保暖散热性能的测试，可采用暖体假人试验。

（一）恒温法

恒温法能够对织物的保暖性进行定量分析。恒温法测试通常使用平板式保温仪，利用该仪器可以测得织物的保温率、导热系数、热阻等指标。除了平板式保温仪以外，还有管式织物保温仪。两种形式的仪器均是采用静止空气层，空气的流动速度越快，风速越大，测试结果中试样本身的热阻所占的比例也越多，测试的精度越高，灵敏度也会越高。

（二）冷却法

冷却法是用试样布包裹一定温度的热源体，将其放置于低温环境中冷却，然后测定热源体从某一温度冷却到另一温度所用的时间；或者测定在一定时间内，热源体冷却前后的温度差，并同热源体裸露时的情况进行比较。冷却法比恒温法的测定速度快，但冷却法只能定性地比较服装材料的保温性能，无法定量测得服装的热阻。

（三）暖体假人试验

对于整体服装保暖散热性能的测试，可采用暖体假人试验。暖体假人发展经历了三代，第一代仅能测试服装隔热保暖性能；第二代出汗假人增加了测试热湿综合指标的功能；目前国际上最先进的假人，在原来的基础上，还可以模拟人的动作，用以研究运动时服装内空气的对流与传导。暖体假人可经受各种环境的测试，试验数据的重复性好，误差小，甚至可以在极端恶劣的环境下进行测试，如极寒、极热、狂风、忽冷忽热等，是人类理想的试验设备（表4-4）。但是再好的假人都很难模拟人的心理，在决定舒适性最为重要的指标——人的感受时，显得无能为力。因此，舒适性的测试还需要增加对人体的着装试验。

表4-4　暖体假人测试方法和指标

测试方法及典型仪器	基本检测量	主要导出指标	同类指标
暖体假人（不出汗型）	散热量，假人皮肤温度，环境温度，假人体表面积	Clo值；绝热率T	热阻R

而真人着装试验，需要选择具有正常身体状态的人，具有典型性、普遍性和代表性，一般要求在人工气候室内进行，人工气候室模拟自然中的温度、湿度、风速和辐射等，被测者穿着各种试验用服装，进行测试及评价。

除了对保暖性进行客观测试以外，也需要根据人的心理和生理反应评价服装。以人穿着服装时的保暖性、舒适度和唤醒水平作为心理反应，测出脑电图的α波作为生理反应，对穿着服装与不穿着服装时的人的心理和生理反应的对比，来评价服装的保暖性。这种结合心理和生理反应的方法能够减少心理实验中对感觉描绘的客观性缺乏。

☞【课后拓展】

降温服装：

当人体处于恶劣环境中时，由于不能改变外界环境，人们尝试通过人为改变服装内部环境来调节内环境的温湿度，以达到穿着舒适的目的，如用于高温环境下降温的空调服。

降温服装，又称冷却服装，用于高温环境中，使人感觉凉爽、防暑降温。冷却服装根据制冷机制分为：涡流冷却、空气冷却、插袋式冷却、凝胶型冷却、浸水型冷却、阻燃型冷却等。涡流冷却是压缩空气流，在腰部悬挂一个小型的涡流管，经涡流管产生低温冷气，对人体进行冷却；空气冷却是服装连接到压缩空气源，用喷嘴冷却空气，可得到连续冷气流，使身体的自然蒸发冷却，保证使用者的干燥和清洁；插袋式冷却是在服装的袋子中插入冷却袋（冷却介质），冷却袋可取出放入冷水浸泡2-5分钟后使用，连续冷却可达72小时，可反复使用，对人体进行冷却降温。

☞ 【想一想】

1. 保温散热性的定义是什么？保暖服装材料通常分为哪几种？
2. 服装的热传递有哪些指标可以衡量？
3. 影响服装保温散热性的因素有哪些？请列举其中3～4种并说出对服装的保温散热造成怎样的影响？
4. 服装保温散热性的测量方法有哪些？
5. 为什么防寒服需尽量加大被覆盖面积，而防暑服需减少被覆面积？
6. 寒冷环境下，为什么我们多穿几件衣服就会感觉到暖和？

第五节　材料硬度

【知识点】
1. 了解织物硬挺度的定义。
2. 了解触觉舒适性的含义。
3. 了解织物硬挺度的测试方法。
4. 初步掌握电子硬挺度仪的测试步骤。

【能力点】
1. 掌握织物硬挺度的测量方法。
2. 根据硬度初步分析鞋类设计舒适性。
3. 掌握用电子硬挺度仪测试服装材料的硬挺度。

一、织物硬挺度定义

硬度，指材料局部抵抗硬物压入其表面的能力。固体对外界物体入侵局部的抵抗能力，是比较各种材料软硬的指标，由于不同材料硬度的测试方法有所不同，所以标准不同，各种硬度标准的力学含义不同，相互不能直接换算。

服装材料的硬挺度是指织物抵抗其弯曲方向形状变化的能力，是客观评定织物刚柔性的力学指标。织物刚柔性是表示织物下垂变形、舒适、合体情况、视觉美观的性质，是织物外观特征与穿着性能的综合反映，与服装的穿着舒适性以及穿着外观直接相关。

二、触觉舒适性

触觉是生物感受本身的机械接触（接触刺激）的感觉，是由压力和牵引力作用于接触感受器而引起的。我们经常用手感来评价材料的舒适性，感受材料的光滑与粗糙、柔和与僵硬、丰满与稀疏，因此服装所用织物的硬挺度直接影响人体的触觉舒适。

在触觉感受的范围内，当刺激源微弱时，人体的触觉不明显，有微痒感；刺激较强，人体有刺痒感；很强时，则会感到刺痛。从性别上看，女性与男性相比，女性触觉更敏感。因

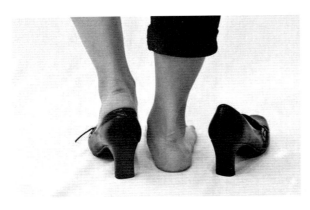

图4-14 跟腱的摩擦与后跟材料

此，材料柔软、光滑、轻薄给人的刺激较少，能够给人带来触觉的舒适，尤其是女性鞋服和贴体的鞋服。

以下介绍几种由于鞋类产品部位设计不合理所造成的损伤，跟腱的摩擦可能是由于后跟材料太硬加之结构设计不合理造成的（图4-14），有效的解决办法是在后跟材料的选择上进行柔软度的测试，以及对它的结构进行优化，脚趾部位的磨损是内里设计太硬加之结构设计不合理造成的，例如鞋类产品的头部设计得较小，压迫足趾，结合材料选用过硬，两者综合作用将足部的皮肤磨损。

鞋底设计太硬或结构设计不合理。男士的正装鞋的鞋底太硬缺乏缓冲功能，鞋底就不能很好地对抗地面的摩擦来降低摩擦性（图4-15）。提高鞋类产品的舒适型，从硬度角度考虑，使用舒适触觉柔软度高的垫底材料。

鞋类产品结构部件对舒适性的影响可以应用在鞋底上，鞋底如果太硬不易弯曲，舒适性较差（图4-16）。软质鞋底在行走过程中，可以很好地适应足部的弯曲便于行走。通过足底压力的测试，太硬的鞋底不利于压力的均衡分散，太软的鞋底会造成足部的稳定性下降，所以硬度的设定往往要考虑稳定和压力分散的双重作用，在两者之间找到一个平衡点。

图4-15 男士正装鞋

图4-16 软质鞋底

鞋服产品作为人体的"第二皮肤"，要有非常好的触觉舒适性。在客观评价中，通常用织物的硬挺度、粗糙度和紧密度来表示触觉舒适性。在主观评价中，对织物触觉舒适性的评价主要分为五个等级（表4-5）。

表4-5　织物舒适性主观评价等级

等级	主观评价	等级	主观评价
5	非常舒适	2	一般
4	很舒适	1	不舒适
3	舒适		

通过对各种面料，取其中三种即A、B、C面料，进行客观评价和主观评价，用相关性分析计算得出表示织物触觉舒适性的物理参数与主观评价等级存在一定的关系（表4-6）。

表4-6　织物硬度、粗糙度、紧密度与织物手感等级的相关关系

织物种类	硬度	粗糙度	紧密度	主观评价值
A	0.474	0.223	0.425	2.6
B	0.495	0.215	0.417	3.0
C	0.376	0.219	0.364	3.3

【链接】纺织品整理工艺中织物柔软剂的用途

穿着硬度较大的服装对人体的触觉舒适性会造成影响，在日常服装穿着使用中，我们经常会将织物柔软剂用于服装的洗涤，它能赋予织物柔软、舒适的手感，提高织物的质量和附加价值。纤维经过纺丝、纺纱、织布、整理等许多工序制成纺织品，在此过程中，去除了天然纤维所含蜡质和油脂，加之合成纤维使用量的增加使织物产生粗糙的手感，为使织物保持持久的滑爽、柔软，提高裁剪和缝制工序的效率，改善织物的穿着性，使用织物柔软剂少量吸附在纤维上，减少了纤维表面的摩擦，而使织物得到弹性良好、柔软滑爽的触感。

不同柔软剂的工艺不同，其产品质量也不同。第一，要求柔软剂对纤维有很好的亲和力，吸收好在效果上才能体现好的手感。第二，对纤维整理后的情况表现，除了有必要的柔软、舒适的手感以外，纤维的颜色、性能等还需要保持原样。所以，需要针对不同柔软要求的纤维使用不同的织物柔软剂。

三、织物硬挺度测试

（一）织物硬挺度测试方法

评定织物硬挺度，国家标准规定了两种方法，即斜面法和心形法。斜面法是最简易的方法，用于评定厚型织物的硬挺度，采用弯曲长度、弯曲刚度与抗弯弹性模量指标，其值越大，织物越硬挺。心形法用于评定薄型和有卷边现象的织的柔软度，采用悬垂高度为测试指标，其值越大，织物越柔软。

（二）织物硬挺度测试内容

我国常用的硬度测试包括内容很多，大致可分成如下这些硬度：划痕硬度、压入硬度、洛氏硬度、布氏硬度、维氏硬度、显微硬度、里氏硬度、邵氏硬度、巴氏硬度、努氏硬度、皮革的柔软度测试等。

与鞋类产品的部件相关的硬度测试大致有三类：洛氏硬度、邵氏硬度、针对皮革帮面的柔软度测试。

不同的硬度代表使用不同的硬度计测试材料抵抗外界硬物压入的能力。针对洛氏硬度而言，是针对鞋类产品的一个关键部件钢构心研发的。钢构心硬度测试所采用的洛氏硬度计，压入的硬物是金刚石的颗粒，通过金刚石压入钢构心表面的深度来判断钢构心的硬度。邵氏硬度与测试钢构心的硬度不同，压入的硬物表面是金属材料。例如，测试海绵类的，如硅胶、泡沫、乳胶的硬度，往往使用圆头的邵氏C硬度计。

皮革柔软度的测试，采用柔软度测试仪，同样是测试外界硬物压入物体表面能力的技术指标。皮革柔软度测试仪是用来测试单位面积上外界硬物造成产品发生形变的能力。不同的皮革材料，如柔软度大的较薄的皮革材料通常在测试过程中，其柔软度相应的会大很多，对应外界硬物压入其内部或者使其发生形变的能力就相对较弱。

（三）织物硬挺度测试步骤

不同的服装材料有着不同的外观形态，各类服装材料都有自己的特点，这是材料本身的性能和使用要求决定的。在服用过程中，由于各项条件的变化，容易造成服装形态的变化，材料的悬垂性、刚柔性、折皱性、起毛起球性、起拱性、抗抽丝性、洗可穿性等，这些都是服装材料在服装服用过程中表现出来的外观形态特征，本实验通过一定的测试手段来了解不同材料的硬挺度对织物外观形态的影响。

1. 测试原理

将一定尺寸的狭长织物试样作为悬臂梁，根据其可挠性，可测试计算其弯曲时的长度、弯曲刚度与抗弯模量，作为织物硬挺度的指标。

2. 设备

FY207-Ⅱ型电子硬挺度测试仪。

3. 试样准备

试样尺寸为25cm×2.5cm，试样上不能有影响试验结果的疵点，试样数量为10块。其中5块试样的长边平行于织物的纵向，5块试样的长边平行于织物的横向，试样至少取至离布边10cm，并尽量少用手摸。试样应放在标准大气压条件下调湿24h以上。

4. 试验步骤

（1）试验前，仪器应保持水平。

（2）打开电源，仪器在"F-01"状态下，按"复位"键，LED屏显示"00-0"，调整仪器的测量角度为45°。

（3）按"↑↓""+"键，使压板抬起，把试样放于工作台上，并与工作台前端对齐，按"↑↓""+"键，放下压板。

（4）按"进/打印"键，仪器压板向前推进，试样因自重而下垂，当试样下垂到挡住红外光束检测线时，仪器自动停止推进之后返回起始位置，LED屏显示实际伸出长度。

（5）把试样从工作台取下，翻至反面放回工作台，按[进/打印]键，仪器按上述过程自动往返一次，并显示正反两次的平均抗弯长度（正反两次为一个完整过程），记录显示结果。

（6）更换试样，重复第④条，做完经向4次的试验，记录显示结果。

（7）更换试样，仪器在"F-02"状态，按"复位"键，LED屏显示00-0，调整仪器的测量角度为45°，重复第④条，做完纬向4次的试验，记录显示结果。

（8）若想做下一组试样，可按"复位"键后，重新操作即可。

（9）试验结束，切断电源。

5. **试验结果**

单位：cm

CL=经平均　　CH=纬平均　　VH=总平均

C≈正反2次L/2

式中：L=试样伸出长度　　C=抗弯长度

☞ 【课后拓展】

服装在洗涤中经常会发生磨损、磨伤的情况，这类情况往往发生在硬挺型面料上，对服装的使用和穿着舒适造成了影响。分析其原因，造成硬挺型面料衣物磨损磨伤的根本原因是衣物受到了过度的摩擦。在同等受力情况下，那些较为柔软的衣物具有较好的承受能力，而硬挺型面料则由于不易随机的折叠弯曲而经受更为强劲的摩擦，从而表现出摩擦性损伤。因此，造成硬挺型面料磨损磨伤有两种不同情况。

（1）洗涤过程中衣物受到的洗涤机械力不均匀，受到不同程度摩擦力，造成表面磨伤，出现不同的磨损程度。这时衣物就表现出磨损性色花。出现这种情况大多是手工刷洗时用力不均所致。

（2）采用干洗机或是水洗机机洗的硬挺型面料衣物未选择柔和程序。干洗时，由于干洗机标准程序的摩擦力与水洗机机洗的情况没有原则差别，不能忽视干洗也是机洗的实际情况。相当多的磨损磨伤都是由这种干洗机机洗或水洗机机洗造成的。尤其是那些仅仅经过一次洗涤就出现边角棱处破损，都是由这种原因造成的。

因此，我们在服装的日常使用洗涤中遇到硬挺型面料衣物时需要另行对待，不论手工洗涤或是机洗都应该选择适合的洗涤方式和洗涤程序。

☞ 【想一想】

1. 织物硬挺度的定义是什么？

2. 触觉舒适性的含义是什么？

3. 织物硬挺度的测量方法有哪些？我国常用的硬度测试包括哪些种类？

4. 织物硬挺度测试的步骤。

5. 从主观角度评判，请列举生活中常见的面料中哪些硬度较大，哪些硬度较小？

6. 查阅材料，详细了解我国常用的硬度测试其各自的操作步骤如何。

第六节　材料弹性与穿舒适性

【知识点】

1. 了解材料弹性的定义。
2. 了解材料弹性的作用。
3. 了解影响织物弹性的因素。
4. 了解弹力织物的类型及用途。
5. 了解织物弹性的测试方法。
6. 了解织物褶皱弹性。
7. 了解鞋底弹性对舒适性的影响。

【能力点】

1. 能够由影响织物弹性的因素分析其与穿着舒适性的关系。
2. 能够根据使用需求合理选用相应的弹力织物。
3. 掌握织物弹性的测量方法。
4. 具备不同弹性材料在鞋类产品底部部件设计中的应用。

一、弹性的定义

（一）鞋服弹性

材料受到外力后伸长，去除外力后即恢复的性能称为弹性。对于服装来说，其弹性分为两种形式，一种是拉伸弹性，一种是抗皱弹性。

为适应人体的运动，服装需要一定的拉伸弹性。因为人体在活动的时候，膝部、肘部、腰部和臀部等随着关节的转动，皮肤需要相应地伸长以适应关节的活动，因此，作为披覆于皮肤外层的服装也需要伸长。由此可见，在设计紧身服装时，如体操服、游泳服、牛仔服等都需要考虑这方面的问题。一般来说，弹性好的服装保型性好，如膝部、肘部、手掌、膝盖弯曲后仍然能保持平挺的外观形状，因其不影响人体的运动，穿着也会相对舒适。但并不是弹性越大就越好，如西裤的横向需要有一定的弹性，但若纵向的弹性过大，就会影响裤子的长度和外观。

（二）弹性的作用

1. 穿脱方便

人们在日常生活中穿着的服装经常需要穿脱，若制作服装使用的材料拉伸弹性不佳，在进行穿脱时开口处则无法伸长，导致穿脱不方便，给服装的使用造成困难。因此，为使服装穿脱方便，服装材料需要具备适当的弹性。

2. 便于运动

对于运动服装来说，因为要从事各种各样的体育运动，人体各部位运动的剧烈程度、活动范围不同，对服装各部位的伸缩要求也不一样。服装材料的弹性要能够满足具体运动项目的要求。服装过紧而缺乏弹性，会限制人体的活动，甚至影响人的正常呼吸，长时间穿着这样的服装，还会使人体骨骼发生变形，对未发育成熟的青少年来说危害较大。

3. 穿着美观

对于很多女装，尤其是内衣，为了突出女性的优美线条，又要使人感觉穿着舒适，较好的伸缩性也是基本要求。现在大多数针织物和弹性的机织物都能满足要求。在机织物中加入氨纶，使服装具有极佳的人体舒适弹性，氨纶弹力织物一般具有15%~45%的弹力范围，体操运动员、芭蕾舞演员穿用的服装弹力还会再大些。氨纶已经广泛用于各类服装。

二、影响织物弹性的因素

（一）纤维原料

服装材料的纤维原料对服装的拉伸弹性有着直接影响。在化学纤维中，氨纶的弹性最好，其次是锦纶，再次是涤纶、腈纶、丙纶，最差的是黏胶纤维；天然纤维中则是羊毛的弹性最好，其纤维伸长率可达25%~35%，其次是棉（3%~7%）和丝（15%~25%），最差的是麻纤维（2%）。在以上各种纤维中加入弹性纤维，面料的弹性将会改变，可根据需要调节不同纤维的比例从而调节织物的弹性。

（二）纱线的结构

同种纤维原料，纱线越粗，其拉伸性能越好；纱线的捻度越大，织物的弹性也将越好。选择适当的纱线粗细和捻度配置，也可调节织物的弹性。

（三）织物的组织

纱线在织物内交织的次数越多，织物的伸缩弹性会越大，因此一般情况下平纹组织要优于斜纹组织和缎纹组织。一般情况下，轻薄弹性面料可采用平纹组织、2上2下斜纹组织、人字纹斜纹等左右对称的组织，以利于弹力的平衡。2上1下斜纹组织、3上1下斜纹组织属于不平衡组织，有利于发挥纬向高弹性织物的性能。弹力织物的应用是根据衣料的用途来选择不同织物组织结构及织物延弹性的，针织类织纹越疏松其拉伸性越好。

（四）织物的后整理

织物的后整理类型有很多，各种后整理对织物的弹性有着不同的影响。例如，褶皱整理能够提高织物的弹性；而拉幅、定型整理则会减弱织物的弹性。后整理过程中的工艺参数控制对织物的弹性也有影响（图4-17）。

图4-17　拉幅机对织物进行后整理

三、弹力织物

为了提高服装的伸缩性，运动装、内衣等服装多采用弹力织物进行制作，如氨纶弹力织物。弹力织物不仅弹性好，而且弹性回复好，尺寸稳定。针织、非弹性面料的弹性整理、织物再造和斜纱取料等方法，使非弹性面料获取了弹性空间。

（一）弹力织物的分类

1. 按纤维来源分类

（1）天然纤维弹性织物。天然纤维的弹性往往较差，采用天然纤维制成弹性织物时通常通过针织、织物再造、斜纱取料、弹性整理等方法来获取弹性。

（2）天然纤维加弹性化学纤维弹性织物。将天然纤维和化学弹性纤维进行合并或混纺形成纱线加工制成，这种织物既具有天然纤维织物所具有的优点，还能克服抗皱性差、尺寸不稳定等缺点，使用价值高。

（3）化学纤维弹性织物。合成纤维中的弹性纤维可以直接进行裸丝织造而获得弹性织物，非弹性化学纤维面料做后整理或再造处理也可以具备弹性特征。大部分化学纤维面料是利用化学纤维的三态转变特性，通过热定形方法而获得弹性效果。化学纤维织物也可以通过斜纱取料、弹性整理而获得弹性。此外，还可将化学纤维与弹性纤维混纺、合并或交织获得织物。

2. 按弹性率分类

按弹性率大小进行分类，根据20世纪80年代，在奥地利召开的第19次国际化纤会议上的弹性面料相关书籍，可将弹性衣料分为以下三类（表4-7）。

弹性根据不同的用途选取不同的织物弹性率，一般中衣和外衣取10%~20%；运动型服装取20%~40%，而紧身衣大多取40%以上。在普通弹力状态下，仅有纬向的单向弹力便可完全满足服装的功能，而强力弹力则多须用两向弹力。

表4-7 按弹性率大小对弹力织物进行分类

类别	弹性率（%）	名称
一	10~20	普通弹力、舒适弹力
二	20~40	高弹力、性能弹力
三	40以上	强力弹力

3. 按弹力方向分类

按弹力方向分，经向或纬向的弹力称为单向弹力，经向和纬向的弹力称为两向弹力。因此，根据织物弹力方向的不同将弹性织物分为经向弹力织物、纬向弹力织物和双向弹力织物。

弹力方向与弹性纤维在织物中排列的方向有关。在机织物中弹性纤维用于经纱，织物在纵向具有延伸性；用于纬纱，织物在纬向具有延伸性；在经纬纱中都使用则织物具有双向弹性。目前市场上的弹力织物，纬向有弹性的织物占90%以上，经纬向均有弹性的织物约占9%，经向弹力织物因生产难度大，品种和数量均较少。对于针织物来说，其本身结构特点决定了它具有多向延展的性能，弹性纤维只是给织物带来拉伸回复的弹性，如经编针织物在纵向具有优异的拉伸回复弹性，纬编针织物在纬向具有优异的拉伸回复弹性。

通常情况下，单向弹性面料适合制作紧身裤等需要单向拉伸性能的服装；经纬双向弹性织物适合制作运动服、比赛服等穿着时各方向都能产生较大变形量的服装。

4. 按织造方法分类

（1）机织弹力织物。机织弹力织物一般以氨纶包芯纱、氨纶包覆纱、氨纶合捻线为原料，与其他纱线交织成织物。由于弹性纱线的变形量很大，一般用作纬向纱线。该类产品主要有弹力牛仔布、灯芯绒、平绒、卡其、府绸、牛津布等（图4-18）。

（2）针织弹力织物。弹力针织物分经编和纬编两大类，针织弹力织物一般采用氨纶丝与锦纶变形丝、涤纶弹力丝在经编机和纬编机上织造而成，这类织物的弹性比较大。该类产品主要有体操服、

图4-18 弹力牛仔裤

游泳衣、内衣、女性胸衣等紧身服装，不仅具有塑身美体的功能，而且由于产生的服装压较小而具有良好的穿着舒适性。

（3）非织造弹力织物。具有弹性的无纺布、皮革制品都属于这一类。非织造弹力织物目前仍然处于开发的初始阶段，其弹性伸长不会很大，使用范围主要限于卫生用品等领域。该类产品主要有医用绷带，护膝，美容头套，健身腰带，婴儿尿裤，成人失禁裤腰围，一次性手术衣袖罗纹等，另外还有用于服装的弹性衬布（图4-19、图4-20）。

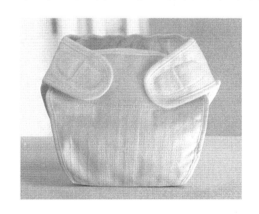

图4-19 婴儿尿裤

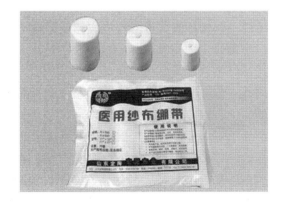

图4-20 医用绷带

（二）弹力织物的用途

织物的用途随着其弹性率的不同具有较大的差异，按紧身式、合身式、松身式的划分方法可将服用织物的用途划分九类：妇女贴身衣类；舞蹈紧身衣裤、游泳衣；滑冰、滑雪服；短裤、长裤、汗衫；短袖圆领衫、网球衫；运动衫、牛仔裤、紧身裙；运动裤、短衬裤；高级衬衫、罩衫；连衣裙、大衣、夹克衫。第一类需要最高的弹性率；第二类只需要较小的弹性便能够满足。一般第一、第二、第三类弹性率需要50%以上；第四、第五、第六类弹性率需要40%左右；最后三类弹性率为10%～20%左右。

四、弹力织物的弹性测试方法

（一）极限负荷拉伸法

在测试过程中给定负荷小于织物布条断裂强力时伸长的负荷值，被测布条已拉伸到极限，即为最大伸长。它反映了织物弹性伸长的极限值和织物的耐用程度，主要供研究单位使用。由于织物的品种不同，采用此法相互间可比性较差。

（二）恒定负荷伸长特性测试法

目前大多用此法测定织物的弹性伸长率与回弹率。此法测定结果能反映弹力织物服用的舒适性及外观保形性，弹性伸长越大，舒适性越好；弹性回复率越低（即伸长后不能短时间回复原状），则外观保形性越差。弹力织物的服用舒适性及外观保形性这两个指标是衡量弹力织物优劣的主要指标。

（三）不同方向测试

织物的拉伸弹性测试分为两种，单向拉伸弹性和双向拉伸弹性。目前最常用的是单向拉伸弹性测试，双向拉伸弹性测试方法仅用于研究工作中。

五、褶皱弹性

（一）织物褶皱弹性

织物在穿着、使用及处理过程中，由于外力作用，在搓揉织物时发生塑性变化，在织物上造成不规则的褶皱，称为褶皱性。当外力去除后，织物抵抗由于搓揉织物而引起的弯曲变形，使织物不产生褶皱的性能，叫耐皱性或抗皱性。

（二）织物褶皱弹性的形成原因及影响

织物褶皱形成与构成织物的材料内部大分子的相互作用有关，这里以纤维素纤维为例进行叙述。纤维素纤维的侧序度较高区域中存在的氢键，在受到外力作用时，能共同承受外力的作用，一般只发生较小程度的形变，若要使其中某大分子与相邻的大分子分离，则必须有足够的应力，以克服其间所有的分子间引力，因此在侧序度较高部分发生分子间移动的机会是极小的（不超过普弹形变），也就是说由这部分提供的形变主要是普弹形变。

在侧序度较低区域中存在的氢键，它们在经受外力作用时，并非同时受力，而是沿着外力的方向，先后受到外力的作用而变形，并随氢键强度的不同，逐渐发生键的断裂和基本结构单元的相对位移，也就是说纤维中侧序度较低的区域除发生普弹形变外，还可能产生强迫高弹形变或永久形变。在纤维受到拉伸时，由于纤维素分子上有很多极性羟基，纤维素大分子或基本结构单元取向度提高或发生相对的移动后，并能在新的位置上形成新的氢键。当外力去除后，纤维分子间未断裂的氢键以及分子的内旋转，有使系统拉回至原来状态的趋势，但因在新的位置上形成的氢键的阻滞作用，使系统不能立即回复，往往要推迟一段时间，形成蠕变回复。如果拉伸时分子间氢键的断裂和新的氢键形成已达到充分剧烈的程度，使新的氢键具有相当的稳定性时，则蠕变回复速度较小，便出现所谓永久形变，这就是造成褶皱的原因。实际上，在一般情况下，也可以认为褶皱主要是由回复速率很慢的缓弹性形变所造成。

褶皱不仅严重影响织物的外观，同时也是织物易护理性能的重要评价指标之一，而且沿着折痕或者皱纹的方向容易产生剧烈的磨损，加速织物的损坏。

六、鞋底弹性对舒适性的影响

（一）鞋底弹性

　　人在步行的过程中难免会受到地面冲击力的作用，鞋底的弹性设计是人步行时的需要。皮肤的触觉，也需要有一定的弹性舒适感觉，因此，鞋类产品的底部设计一般都需要具有一定的弹性。在鞋品设计中通常将弹性的材料或结构应用于鞋底的设计。图4-21（a）是采用鞋底孔型的结构进行的弹性结构设计，图4-21（b）是采用鞋底柱状结构的弹性设计，图4-21（c）是采用鞋底气垫结构的弹性设计。

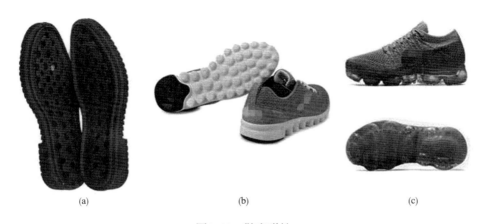

(a)　　　　　　　　　(b)　　　　　　　　　(c)

图4-21　鞋底弹性

　　实现弹性的手段主要有：通过材料的结构实现，利用材料本身的物理特点。材料是否柔软，是影响材料弹性的关键因素。通常材料越软，其弹性可能就越大，但鞋底的材料选择不能单纯只考虑材料的软硬，还应该考虑足底的触感舒适性，既有弹性，又有相应的柔软度和舒适度，保证鞋子穿着舒适性的原则，这就是设计鞋底。

（二）弹性对鞋类舒适性的影响

1. 鞋底弹性适应人步行时足底阶段触地的力学需要

　　以人步行时，足跟着地、全掌接触地、前掌蹬地三个阶段为例。

　　（1）当人体足跟着地的瞬间，足跟承受了绝大多数的地面冲击力，如果鞋底具有良好的弹性，后跟部位受压会迅速发生形变，实现缓解地面冲击力的效果。

　　（2）当整个脚底与地面接触，即全掌触地阶段，地面冲击力通过整个脚掌传递，此时具有良好弹性的鞋底通过形态变化，能够实现整个足部的冲击力缓冲。

　　（3）当足部前掌发生弯曲，足部处于前掌蹬地阶段，具有良好弹性的鞋底更易发生弯曲，使得足部发挥灵活的蹬地作用；同时鞋底弹性有利于前掌蹬地时进行助力。

2. 鞋底弹性有利于足底穿着舒适触感的提升

　　鞋类产品底部材料性能的改善，对人体舒适性的提升不仅体现在穿着行走各个阶段冲击力的缓解以及蹬地助力效果，其与穿着者足底接触部位舒适触感也高度相关。究其原因，可以认为穿着弹性良好的鞋底在行走时，鞋底能够发生适应足底特征的形态变化，从而实现压力的均匀分散，实现足底舒适触感。

（三）鞋材的弹性测试实验

目前鞋类产品关于弹性测试，主要有两种评价手段。一种是纯粹的对材料的弹性进行测试，另一种是将不同的原材料制成成鞋之后再测试成鞋的回弹性。

针对鞋底材料的弹性测试，参照的是ASTM（American Society of Testing Materials）标准，使用的设备是垂直回弹性测试仪。利用落锤的自由落体运动垂直击打在要测试材料的表面，测算落锤的回弹高度，计算材料的回弹性。一般认为回弹的高度越高，材料的回弹性越好；反之，回弹性越差。

图4-22是ASTM的垂直回弹性测试仪，图4-23是国内测量鞋内回弹性所使用的摆锤回弹性测试仪，两种方法虽然结构不同，测试的原理几乎一样。

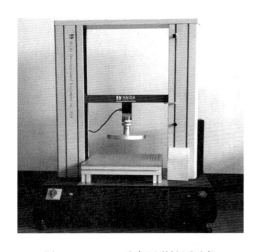

图4-22　ASTM垂直回弹性测试仪

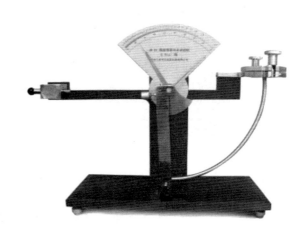

图4-23　摆锤回弹性测试仪

此外，还有压缩回弹测试仪，是将弹性材料压缩到一定厚度之后，恒定在这个位置固定，固定一段时间，当时间达到以后，将设备的外力释放，测量材料的厚度，与它在测试之前的厚度进行比较，从而测试它的压缩形变回复率。如果材料的厚度维持和测试之前的厚度接近，认为压缩形变回复率比较好；反之，认为它的压缩形变回复率比较弱。

【课后拓展】

生活中的弹力面料：

世界上生产弹性纤维的国家并不多，美国杜邦公司一家的产量占世界总产量的50%以上，莱卡（Lycra）是杜邦公司的聚氨基甲酸乙酯弹性纤维（Spandex）、弹性纤维（Elastane）、聚氨基甲酸酯（Polyurethane）的注册商标，也是在成衣工业和杜邦特殊纤维中，最负盛名的品牌之一。有些弹性纤维制成的运动服，不仅使运动员穿着感觉舒适，还增加了服装的特殊性能，如应用Lycra-Power生产的运动服，可使穿着者的体能增加12%，运动员的耐力增加，主要是由于弹性纤维运动服对人体能起支撑作用和紧裹作用，减缓人体在运动时肌肉的振动，从而减轻人体疲劳。弹性毛纺织物也深受消费者的喜爱，这些织物大多为单向弹力，也有双向弹力，尤其是平纹弹力织物，呢面平整，外观效果极佳。在牛仔布、粗平布、灯芯绒、色织产品中都有弹力产品，且以纬向弹力产品居多。

【想一想】

1. 鞋服弹性的定义是什么？
2. 鞋服弹性的作用是什么？
3. 影响织物弹性的因素有哪些？
4. 弹力织物的分类及用途有哪些？
5. 织物弹性的测试方法有哪些？
6. 织物褶皱弹性形成原因及影响有哪些？
7. 鞋底弹性对舒适性有什么影响？
8. 鞋类产品关于弹性测试，主要有哪些评价手段？
9. 简述穿着弹性过小或弹性过大的鞋服产品是何种穿着体验？
10. 搜索资料，了解还有哪些鞋底结构设计能够增加鞋底弹性？

综合篇

第五章　鞋服舒适性分析与改进

【知识点】

1. 鞋服舒适性、安全性方面的设计内容。
2. 鞋服舒适性设计实现手段。
3. 鞋服舒适性系统性设计。
4. 了解运动服舒适性设计研发方法。

【能力点】

1. 能够分析鞋服的舒适性设计要点。
2. 初步具备开发鞋服舒适性设计的能力。
3. 能够采用已有的新技术进行运动服装舒适性设计。
4. 能够根据新技术研发思路对现有运动服装进行改进。

第一节　鞋类产品舒适性设计

一、鞋类产品舒适性、安全性方面的设计内容

（1）回弹设计：回弹助力，通过鞋底或者鞋底功能部件的收缩，释放弹性势能，助力人体蹬地行走。

（2）缓冲设计：用于减缓地面冲击，通过材料的形变分解掉有害的地面回冲力。可采用EVA或者后跟部位开设孔洞实现更好的压缩性能，达到缓解地面冲击的作用。

（3）稳定设计：使鞋类产品在穿着使用过程中减少足部的晃动及扭转，增强穿着时足部的稳定性。可在鞋底足弓部位镶嵌硬质塑料，鞋底和鞋帮中嵌入足跟杯，限制脚跟在鞋腔内过度偏转，有利于后跟稳定。

（4）鞋底易穿着或者易行走设计：易于弯折和行进，或者设计弧线易于滚动。受到前脚弯曲蹬地的作用，鞋底也发生与前脚类似的弯曲作用，受材料和鞋底厚度的影响，不同产品在弯曲过程中，足部所释放的力量不同，为有效降低多余能量的消耗，实现轻便行走的效果，可在鞋底开设横向深的花纹结构，使鞋底易弯曲；如果鞋底呈弧形结构，相较传统平面结构，具有更好的滚动效果，可降低行走过程中前脚弯曲的作用，实现好的穿着效果。

（5）透气设计：使鞋腔内外环境实现实时的空气传递，透气性设计在运动鞋中相较日常穿着的皮鞋中运用更为常见，因运动鞋在穿着过程中往往是从事更加剧烈运动如跑步和跳跃等，其对鞋腔内的温湿度要求比日常穿着的皮鞋更高。

（6）保暖设计：主要通过材料实现，又分为保暖型设计和发热型设计。在寒冷的季节，鞋腔能否形成有利于足部保暖的环境对于穿着舒适性至关重要。

（7）合脚性设计：鞋类产品的设计和穿着者的足型是否吻合很重要，现有技术可通过脚型测量、三维足型扫描仪获取人体脚型形态，参照不同脚型进行鞋类产品的设计开发以满足不同脚型的人穿着舒适性的需求。

二、鞋类产品舒适性设计介绍
（一）缓冲设计

足底压力测试表明，人体在步行过程中会产生两个压力峰值，为后跟和前掌跖骨处，后跟气囊能够有效缓解压力的过渡方式（力值可能不变，但是作用时间改变），减小跟骨受力，同时增强产品的美观度（图5-1）。

图5-1　鞋子气囊设计

图5-2中的男士休闲皮质气垫鞋在轻质的PU皮革内包气囊，外底贴合橡胶，有效缓解后跟地面冲击力，同时增强鞋底后跟的耐磨和止滑效果。

图5-3是前后掌均带气囊的女士靴子，其后跟气囊的主要作用是缓解后跟地面冲击力，前掌更多地提供了良好的支撑助力效果，由于工艺和使用功能的不同，后跟的气囊要比前掌的气囊更厚。

图5-2　男士休闲皮质气垫鞋

图5-3　前后掌气囊女士靴子

图5-4是半掌气囊在鞋底的应用。整个鞋底由四部分组成，第一部分是覆盖在气囊上的硅胶层；第二部分是半掌气囊设计，用于缓冲后跟和足后部的地面缓冲力；第三部分是体积最大的、带有凹槽的PU皮革中底，因为质量轻，具有一定的压缩形变回复力与弹力；第四部分是橡胶中底结构，橡胶外底贴合在PU皮革中底之下，能够体现很好的地面摩擦止滑效果。通过这样的结构设计，既满足了穿着的质量需求，同时由于气囊结构的添加，又有效地缓解了穿着过程当中地面的冲击，给足底带来舒适感。

通常通过系带，或者是魔术贴的方式，可以增加鞋与脚的匹配性。由于一些特殊的运动，例如运动强度比较激烈的篮球运动，在穿鞋跑、跳、急停等动作的时候，难免会造成鞋与脚的相对运动，从而影响舒适性，甚至会造成损伤。将气囊嵌入到鞋帮面上，需要增加对

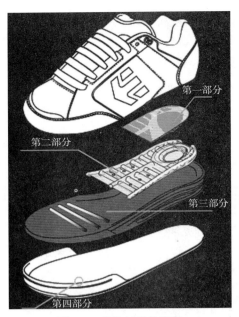

第一部分

第二部分

第三部分

第四部分

图5-4　半掌气囊休闲鞋

足踝部的保护，或增强脚对鞋的匹配性的时候，让帮面连续充气，以此增加帮面对脚的包裹和束缚，从而提高功能性和保护性。

以上介绍的气囊均为缓冲人体行走过程中地面冲击力，起到包裹保护足部的作用，其中包裹足部的帮面气囊技术，目前在皮鞋领域我们还未看到。

图5-5是来自捷克的Bata品牌的休闲鞋，其气囊体现在鞋大底内侧凹槽的设计，在鞋垫对应的后跟中心部位，有黄色凝胶结构设计，实现了较好的弹性。通过两者结合，达到最佳舒适性效果。

图5-6是在多层鞋底结构当中在后跟部位设置网状结构，是采用一次注塑成型的TPU材料（热塑性聚氨酯弹性体），通过网状结构的形变，最大程度实现与人体足后跟的贴合，从而缓解足后跟的受力，以达到舒适性效果。

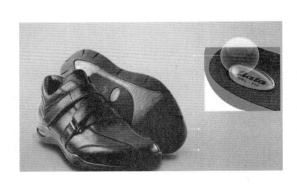

图5-5　气囊与凝胶结合

图片5-6　网状结构的后跟缓冲垫

（二）鞋底抗扭转

人体在行走过程中，足部会适当地发生翻转以缓解地面的冲击力，但是过度翻转会造成身体晃动、足在鞋内滑动、发生摩擦等结果，使人体产生不适。针对这一特点研制的鞋底抗扭转系统能够有效地抑制足部的过度翻转，提高鞋靴穿着舒适性（图5-7、图5-8）。

抗扭转系统设计更多是考虑如何抑制人脚在着地过程中后跟和前掌过度的相对扭转，其设计原理类似杠杆结构限制脚的过度扭转，实现人体在长距离行走状态下能缓解足部疲劳。

（三）鞋底换气

鞋大底设计内侧的柱状结构有利于空气的流通，同时增强人体在行走时的底部弹性。前掌处的主要换气装置，提供鞋腔内气体流出的主要动力（图5-9）。

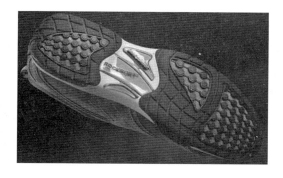

图5-7 皮鞋底部抗扭转结构

图5-8 运动鞋底部抗扭转结构

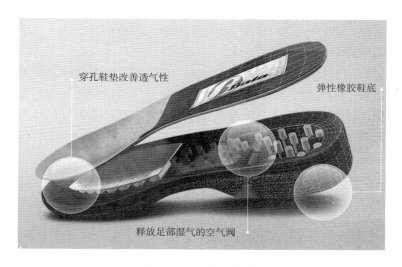

图5-9 鞋底换气装置

（四）鞋垫设计

鞋垫是足底直接接触的部位，其对舒适性的影响巨大。一般认为鞋垫在鞋腔内部主要发挥的作用有缓冲足底冲击力、吸附潮湿空气、支撑分散压力等作用（图5-10）。现有鞋类产品鞋垫的设计越来越重视新材料和新结构的开发，通过高性能材料的运用以及特殊结构的设计，显著增强鞋垫的功能性，为穿着者提供舒适与功能的双重体验。

有的设计将中底表面开设两个凹槽结构，在前掌铺设回弹较好的弹力垫片，在后跟铺设有较好缓冲效果的易压缩的软性材料。通过这样的方法，有效实现后跟缓冲地面冲击力，前掌实现助力回弹，助力行走的效果（图5-11）。除此之外，在整个中底外表面贴合橡胶材料，可增强产品穿着质量（图5-12）。

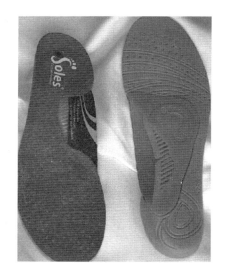

图5-10 骑车用支撑鞋垫设计

图5-11 后跟旋转调节支撑鞋垫

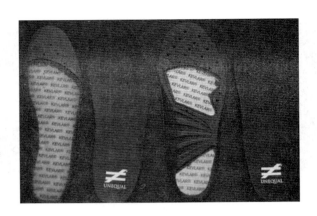

图5-12 添加硅胶的运动缓震鞋垫

（五）鞋底易弯曲设计

鞋底易弯曲设计的部位主要体现在鞋底前掌，与人体足部对应的趾跖关节部位，为了适应人体行走时趾跖关节的弯曲，往往在鞋底前掌对应部位通过鞋底花纹、鞋底凹槽等设计，降低前掌弯折的阻力，使鞋底在穿着行走时对应足部弯曲部位容易发生弯折作用，实现整个步行姿势流畅省力（图5-13）。

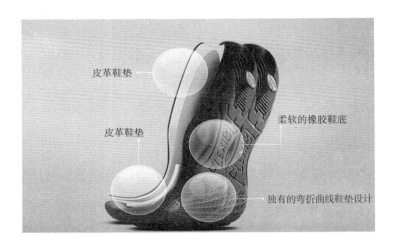

皮革鞋垫

皮革鞋垫

柔软的橡胶鞋底

独有的弯折曲线鞋垫设计

图5-13 鞋底易弯曲设计

第二节 运动服装舒适性设计

运动服装是人们在运动和竞技时所穿用的服装。运动时，人体的能量消耗、身体调节也较日常活动大，在身体动作上，运动中的人具有动作复杂多样和运动强度大的特点，在从事不同运动时，人的动作和能耗也各不相同，因此，运动服装的设计一般都是围绕具体的运动而展开。运动服装舒适性设计的主要目的，是在满足人体运动的同时，感到舒适。其舒适性功能包括：防护性（防风、防水）、隔断性（保暖）、通透性（透气、透湿）和弹性。为了达到舒适性目标，国内外运动服装产品不断创新，舒适性设计主要集中在材料改进、人体运动研究和环境适应等方面。

一、运动服装舒适性的系统性设计

运动服装舒适性研发是建立在人—服装（器械）—环境系统中，系统中各要素相互作用、相互依存，是由若干组成部分结合成的具有特定功能的有机整体。系统具有完整性，不能分裂地单独研究某项，如服装如果不穿在人体上，就和布料没有本质的区别。如图5-14所示，在该系统中，人的运动为滑雪动作，四肢需要能够灵活运动，尤其是通过腰部摆动保持身体平衡的动作，要求服装腰部不能有太多影响动作的冗余；而在雪域环境中，人体需要服装能够提供一定的保暖功能，需要服装有更多的保暖填充物，因而，如何使腰部服装的填充物达到一个理想状态，即平衡人与环境的关系，是该设计的主要研究方向。在设计时，两方面因素都要考虑，才能设计出既适合滑雪运动，又适合冬季气候环境的舒适服装。

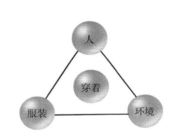

图5-14　人—服装—环境系统

（一）恒温系统

恒温系统是在运动服饰领域，由美国最早提出的速干概念。科学调查发现，人体在运动时有97%的能量用来维持体温保持在人体正常的37℃体温，而只有3%的能量用于肌肉力量。于是人们将目光放在如何运用外力将体温维持在37℃，从而能让更多的能量用来提升运动表现。恒温系统配合人体的降温系统，可快速降温，干爽保暖，使人体可以保持更好的体力。

恒温系统是通过三维球体功能板（3D-Bionic Sphere）将人体体温恒定在37℃。人在流汗时，三维球体功能板吸收汗滴并转移至"蒸发面积扩展体"，在人体体温的带动下进行蒸发，从而快速为皮肤表面降温，而多余水分则重新返还给皮肤；寒冷时，空气通道的暖空气形成保暖空气垫，阻止外部冷空气进入，有效维持身体温暖（图5-15）。

（二）间歇式紧缩技术

间歇式紧缩技术是一种能稳固肌肉、减少肌肉颤动，并促进血液自由流动的解决办法，从而有助降温，并加速营养和氧气供给，减少心血管系统的负荷，为身体节省能量，激发身体机能，发挥高水平。高、中、低三种强度紧缩更能满足不同强度的需求（图5-16）。

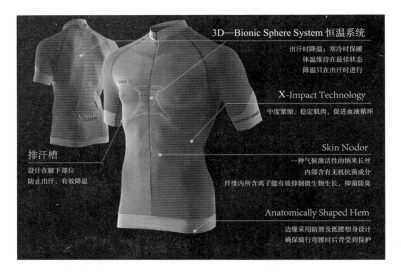

图5-15　恒温系统

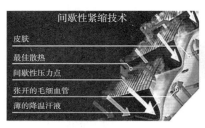

间歇性紧缩，减少肌肉颤动，提高肌肉中氧气和营养的供给，加速身体恢复

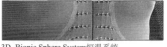
3D-Bionic Sphere System恒温系统，将体温维持在最佳状态

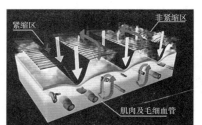

热量转移区，在紧缩带中间的极其轻薄结构能有效将热量排出

图5-16　间歇性紧缩技术

（三）仿生科技

非洲大耳小银狐生活在干燥炎热的环境中，能较好地适应恶劣的自然环境，其秘诀就在于其富有光泽的毛皮能够反射热量，其超大耳朵也帮助它散去大量热量。X-Bionic是以小银狐为灵感来源，研制出的骑行服材料，其具有反射热辐射、加速蒸发降温、辐射身体热量的功能，让运动表现有效提高（图5-17）。

X-Bionic（瑞士品牌）骑行服设计充分考虑了"人—服装（器械）—环境"系统，人的因素主要考虑服装弹性压力与各部位肌肉的关系，根据部位采取不同强度紧身（图5-18）。高强度部位稳定肌肉利于长时间运动，同时加速血管内氧及养分的流通；中强度部位能减少

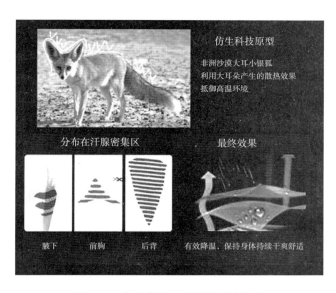

图5-17 仿生科技—非洲大耳小银狐

肌肉颤动，稳定肌肉及关节，使运动更精确高效，同时加速体内氧气及养分流通；低强度部位有效调节身体微气候，节约能量，增强活力。X-Bionic骑行服穿着起来宽松舒适，富有弹性且透气，同样适用于日常穿着。在服装与器械因素方面，考虑到骑自行车时腿部动作和坐姿，可能由于长时间坐姿而造成人体与自行车座椅间的摩擦，损害身体，因此X-Bionic骑行服在裤子上设计了无缝结构的坐垫，根据人体与自行车座椅接触面设计形状，同时采用生物活性材料，抑菌又卫生（图5-19）。在环境方面，根据骑行所处的炎热环境，依据仿生科技，研发恒温系统，使人体能量不过多地消耗在排汗上，从而降低了体能消耗。

下腹部、腰椎处的恒温系统维护身体核心温度

Skin Nodor 材质、抑菌防臭

间歇性紧缩，稳定肌肉，促进血液循环

无缝编织坐垫，透气排汗，防止摩擦

X-Bionic 坐垫
无缝结构裁剪，高弹性，坐垫缝入衣服中
避免在裤子与车座上多出一层材料
进一步优化湿气排出，降低坐垫擦伤的损害
生物活性坐垫材料具有良好的卫生性

图5-18 X-Bionic骑行服　　　　　　　　图5-19 骑行服裤装设计

二、运动服装舒适性设计目标

运动服装舒适性设计是以人的运动生理特征为主，心理特点为辅，其主要目标是满足不同运动中人的舒适、卫生、健康、安全和高效的目标。

着装舒适满意是运动服设计的重要内容，不合理的结构及不匹配的材料和尺寸，难以使服装达到舒适状态。运动服装还需要具有安全性，尤其是在剧烈运动和对抗性竞技中，人体容易受到伤害，运动服装中的头盔、护腕、护膝、护板等就是出于对人体安全考虑的设计。安全性设计分为局部防护和整体防护两个方面，在不影响运动动作的同时，最大限度地保护身体。为了适应环境，运动服装使身体与外界隔离，防护身体免遭机械损伤、热辐射伤等伤害。卫生也是运动服装舒适性设计的主要内容，要求服装对人体的健康有益，保护人体不受外界和服装本身的污染。所以，要求服装面料对人体无损害，如化学刺激会使人体皮肤发炎、湿疹、发痒，严重时还可形成小疱和脓疱。运动服还应具有外界致病微生物或非病原微生物不能侵入的功能。服装的内部污染主要是由于皮肤表面出汗、分泌的皮脂、脱落的表皮细胞等造成的，内衣应具有吸附这些脏污的能力，并能易于洗涤和保洁。

三、运动服装舒适性设计研发方法

（一）运动服装设计思路

1. 模块化设计思路

模块化设计思路是指对一定范围内的不同功能或相同功能的不同性能、不同规格的产品进行功能分析的基础上，划分并设计出一系列功能模块，通过模块的选择和组合构成不同的产品，以满足不同的需求。模块化设计既可以很好地解决产品品种规格、产品设计制造周期和生产成本之间的矛盾，又可为产品的快速更新换代、提高产品质量、增强产品竞争力提供必要条件。

2. 寻找产品缺点思路

寻找产品缺点思路是开发新产品的重要条件之一。任何商品都不是十全十美的，要善于抓住细微的缺点并改进。

3. 典型性目标设计思路

典型性目标设计思路，一般代表绝大多数人的习惯、生理特征、身体结构、运动规律，是运动服装设计的主要依据。例如，服装应不影响人体的血液循环和呼吸运动；冬季服装较重，夏季服装较轻；服装可以保持人体湿热恒定的特性等。

（二）运动服装设计与研发的类型

1. 改进型

针对现有的样式，以人为依据，改进服装功能，提高服装质量，主要在结构、部件、材料、工艺上进行调整和改进；采用新技术、新结构、新材料、新工艺和新配件满足新的需求；设计出在性能、造型、质量和价格等方面有竞争力的鞋服产品。改进型设计是在原有鞋服基础上的设计，属于渐进性质的设计创新，大多数的鞋服设计都属于改进性设计。

2. 创新型

在技术、使用方法、功能、造型、结构、材料、加工工艺等方面有重大设计突破，与现有的鞋服产品有很大的不同，从人的实际需要出发，不断发现新的问题，开发出具有新功能、新技术的鞋服即创新型设计。

3. 概念型

概念型设计是一种带有探索性的设计尝试，没有过多的束缚，设计范围广，形式自由。概念型设计具有前瞻性，不受过多的条件限制，往往能够在某些方面得到突破性的进展，并成为未来技术发展的方向和推动力。但是，概念设计属于尝试阶段，会存在许多不完善、不周全的地方，还需要在不断的演进中逐渐成熟和发展。

（三）运动服装设计与研发的方法

1. 调查法

调查法是通过访谈、问卷形式或相关情报信息，获取着装者的主客观感受，以便完善、修正设计。调查法是根据服装设计需要了解的情况，拟订相关的问题，让受调查对象表述自己的态度和意见，以问卷、访谈、考察、资讯、媒介等多种方法获取服务于设计的资料。

2. 实验法

实验法是通过主动变革、控制研究对象来发现与确认事物间的因果联系的一种科研方法。其主要特点是：

（1）主动变革性。观察与调查都是在不干预研究对象的前提下去认识研究对象，发现其中的问题。而实验法则要求主动操纵实验条件，人为改变对象的存在方式、变化过程，使它服从于科学认识的需要。

（2）控制性。科学实验要求根据研究的需要，借助各种方法和技术，减少或消除各种可能影响科学的无关因素的干扰，在简化、纯化的状态下认识研究对象。

（3）因果性。实验是发现、确认事物之间的因果联系的有效工具和必要途径。实验法经鉴定、测试、实验，做出因果推论，使实验结果为设计服务。例如，服装防风试验，穿着不同的服装置身于人工控制的风力实验室，通过多次实验，记录款式、材料、穿着方式等数据，最终形成对防风服的设计要求建议。

3. 观察法

观察法是研究者有目的、有计划地在自然条件下，通过感官或借助于一定的科学仪器，对社会生活中人们行为的各种资料的搜集过程，特点是直接性、客观性、全面性。观察法有直接和间接观察法，直接观察法是对所着装行为的直接观察和记录；间接观察法通过对对象的观察，了解过去或者无法看到的事情。

观察法一般在以下情况下使用：①对研究对象无法进行控制；②在控制条件下，可能影响某种行为的出现；③由于社会道德的需求，不能对某种现象进行控制。

4. 模型模拟法

模型模拟法是通过模型来揭示被模拟的对象（原型）的形态、特征和本质的方法。根据代表原型和形式的不同，模型大体可分为实体模型和思想模型两大类。

实体模型是以某种形式相似的模型实体去再现原型，如服装中使用的人台、鞋楦。思想模型是客体在人的思想中理想化的映象、摹写。这种方法是人们认识自然和理论思维的重要方式，也是科学研究中常用的方法，是对客观事物的特征和变化规律的一种科学抽象。现在在服装行业普遍使用的虚拟技术，就是通过数学模型，在计算机平台上建立服装数据库，设计人员可以根据自己的需要进行选择和修改，完成与实物相类似的服装效果，极大地提高了工作效率。

5. 列举法

（1）缺点列举法。针对服装的缺点想办法加以改进，从而达到创新的一种方法。

（2）希望点列举法。希望点列举法是把各种各样的希望、联想等都一一列举出来，是一种主动寻找创造目标的方法，事先设计出很多提问要点，并通过对这些要点的回答逐一探讨，全面地考虑各种解决问题的方法。

6. 语义微分法

语义微分法（Semantic Differential Method）属于实验心理学范畴，在心理学、社会学及市场调查、人体工程学等领域广泛应用。

语义微分法的目的是将人的心理感受、印象、情绪进行尺度化、数量化。用双极形容词配对组成问卷调查表，如美、丑、大、小、高、低、热、冷等，并在双极形容词之间用七点定位（也有五点定位）反映不同程度的主观印象，再分别给每一定位点计权值，最后对数值进行统计分析处理，获得各种特征参数，从而达到心理测评的目的。

☞【链接】网球服装发展

19世纪的西方，体育运动已相当普及，体育运动迫使服装要注意其功能性。对女式服装造成最大影响的是网球服装。

19世纪末至今，世界女子网球运动发生了很大的变化。在网球运动开展初期，女选手们只能站在原地进行比赛，穿着几乎拖在地上的长裙（图5-20）。

图5-20　早期女子网球服装

1919年，来自巴黎的苏珊·朗格伦是第一个敢于脱掉紧身束胸上场比赛的选手，宽松的服装让她成为世界网坛的传奇（图5-21）。1931年，琼·莉塞特将长裙改为短裤，成为网坛首位露出双腿参赛的女选手，她的出现标志着网球史上长裙时代的结束。1932年，英国的班尼·奥斯汀成为网坛首位穿短裤比赛的男性选手，美国的艾丽丝·玛布尔同年成为首位穿短裤比赛的女选手。此时，人们对运动员着装的道德谴责已趋于温和。1949年，当古西·莫兰穿着超短裙和蕾丝边内裤走上温布尔登赛场时，网球服装的革命终于告一段落。后面几十年，网球服装只是在材质和款式上略有变化（图5-22）。

图5-21　1919年苏珊·朗格伦

图5-22　近几十年女子网球服装

【课后拓展】

在舒适性的研究中，会考虑到限度和范围，就像服装设计，人体尺寸是服装的最小的界限，在年龄上，考虑到的是最弱群体，如幼儿、老年人。心理学家弗洛伊德在研究潜意识时，把精神病人作为他的研究样本，因为这样的样本中，人的精神世界最为脆弱、最不设防，也更容易被观察、被分析。服装中那些处于恶劣、危险环境下的人，那些最容易被各种因素伤害的人，以及存在着潜在危险的人群，是服装研究的一项重要内容。

【想一想】

1. 运动服装的舒适性主要体现在哪几个方面?
2. 运动服装舒适性设计研发的方法有哪些?
3. 怎样理解设计系统?
4. 列举现有运动服装的不足,有哪些解决办法?
5. 讨论各种生物在自然环境中的特长,有没有可以结合到运动服设计中的要素?

第六章　鞋服舒适性测试

【知识点】

1. 掌握足底压力测试的基本步骤及要求。

2. 掌握足底压力测试数据的分析方法。

3. 鞋内垫压力测试技术的意义。

4. 鞋内垫压力测试的分析的核心。

【能力点】

1. 能够应用足底压力设备进行足底压力测试。

2. 能够应用足底压力数据进行鞋类舒适性评价。

3. 掌握鞋点压力测试技术的意义。

4. 掌握鞋点压力测试技术的基本步骤。

5. 掌握点压力测试结果的分析知识。

6. 了解并初步掌握鞋内垫压力测试所需设备的操作。

7. 能够开展鞋类舒适性的鞋内垫压力测试。

8. 能够组织开展点压力的舒适性测试。

9. 能够按照测试结果初步制定鞋类产品的依据。

10. 能够运用点压力测试技术开展鞋类帮面舒适性的测试和评价。

第一节　压力测试

压力在物理学上定义为：垂直作用于物体表面并指向物体的力，其产生必须具备的条件是物体相互接触，同时物体表面发生形变。人体在穿鞋和着装的过程中，鞋及鞋类特定的造型结构，使其对穿着者体表形成了一定的压力。受人体皮肤感受性影响，体表所受压力与人体的穿着感受存在一定的感受阈限，当所受压力满足人体穿着感受时，人体即会产生舒适感觉；而超过人体感受阈值时，即会产生不舒适感，甚至疼痛等情况。因此，针对人体穿鞋和着装状态下的各种压力测试成为分析和评价鞋类穿着舒适性的重要手段。

一、足底压力测试

足底压力是人体站立和行走过程中，足底与地面相互接触产生的作用力。受足底形态、鞋底材料和造型结构等因素影响，人体站立及行走过程中会产生不同的压力，了解和认识这些压力分布的特征，并分析不同足型足底压力分布的差异，对于分析、评价和改进鞋类产品鞋底的舒适性具有重要的意义。

（一）足底压力测试设备简介

随着科学技术的进步，足底压力测试设备的种类和功能不断更新，极大地满足了鞋类研发及相关研究的需要。目前世界知名的足底压力测试系统研发企业主要包括比利时的RSscan、德国Novel、美国Tekscan等，鞋类产品舒适性研究中，应用范围最为广泛的当属比利时RSscan足底压力平板设备，相对于国内类似的足底压力测试系统，该系统具有测试频率高、分析功能全面的显著特性，可以适应人体赤足及穿鞋状态下的足底压力测量。以下将基于RSscan足底压力测试平板及配套的Footscan Gait分析系统讲述压力设备应用并分析足底压力与鞋类产品穿着舒适性的内在关联。

RSscan具有二三十年鞋研发经验，鞋生物力学专业测试足底压力系统，与德国知名运动品牌Adidas建立多年合作伙伴关系，被认为是鞋生物力学研发实验室最基础系统配置。

1. 设备组成

比利时RSscan足底压力测试系统主要设备由Footscan Plate主板、Footscan Gait分析系统、多数据同步盒以及计算机四部分构成（图6-1），其中Footscan Plate为接受压力的感应终端，Footscan Gait分析系统为数据的采集和分析平台，多数据同步盒用于各种数据的同步测试和分析，计算机为设备连接运行的媒介。

在该系统中，人体足部与压力主板表面发生接触，主板按照特定的扫描频率记录下接触部位力值的变化，形成足部与主板整个接触时段的压力变化特征图。研究人员通过压力分布的特征能够判断不同鞋底结构和材料对足底压力分布特征的影响，从而比较和分析出最为合理的舒适性鞋品设计，帮助提升和改进鞋类的舒适性能，该系统亦可针对人体赤足状态下的足底压力进行测量，从而发现足部运动的力学规律指标。

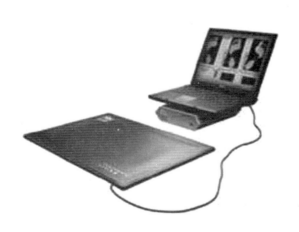

图6-1　RSscan足底压力测试系统的组成

研究人员通过分析人体赤足状态下的足底压力变化特征图，可进行足部运动的力学规律指标研究；通过分析穿鞋状态下压力变化特征图，判断不同鞋底结构和材料对足底压力分布特征的影响，进而得到最为合理的舒适性鞋品设计方案，帮助提升和改进鞋类的舒适性能。

2. 软件界面

RSscan足底压力测试系统的软件界面由功能选项、压强视图、压力曲线及数值信息四部分组成。功能选项区由选择左右脚视图、自动足底区域计算等功能键组成；压强视图区则生成走路蹬伸过程中的动态压强图像；压力曲线区则显示最大压力（垂直压力）的数值；数值信息区则包括动态图像、选定步态及动态蹬伸过程中最大压力中心的相应信息（图6-2）。

其中反映动态压强的足底压力分布特征图，主要以色泽变化呈现足底压力的分布特征，

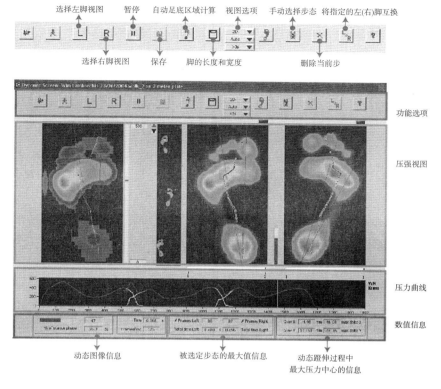

图6-2　RSscan足底压力测试系统的软件界面

脚印区域即足部受力的面积，不同的颜色代表压力的集中趋势强弱，红、黄、绿、蓝四色压力的集中趋势依次递减；贯穿足部的红色实线被称为足中轴，是由后跟轮廓中心与前掌第二和第三跖骨中心的连线所得，代表足部的中心分界；而围绕红色实线的黑色虚线是虚拟的足底压力中心轨迹，其随着足部与地面的逐渐接触，压力中心轨迹亦向前掌蜿蜒过渡。足底压力中心轨迹的变化，以及其与足中轴的位置关系，是评价鞋类产品后跟缓冲性能和鞋类穿着行进特征的重要指标（图6-3）。

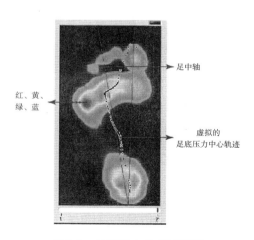

图6-3　足底压力分布特征图

3. 系统特性

RSscan足底压力测试系统主要用于测试人体赤足和穿鞋状态下的足底压力分布特征，由于其具有扫描频率高的特性，通常能够适应人体站立、步行以及跑步的足底压力测试。测试数据能够实现实时动态演示，生动再现了足底与地面之间的作用力关系，并能够比对和分析不同测试间的数据变化，帮助研究人员更好地发现产品结构和材料变化对足底压力变化的影响。该套系统在鞋类舒适性领域领先的重要原因，是其具有一套根据测试数据制订鞋类舒适性改进参考的鞋垫修正建议模块，研究人员根据压力分布的特征，能够自动获取鞋垫的舒适性改进建议，从而极大地缩短了舒适性鞋垫的研发周期。如图6-4所示，即足底压力测试比对及自动鞋垫修正建议图。

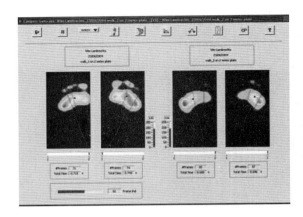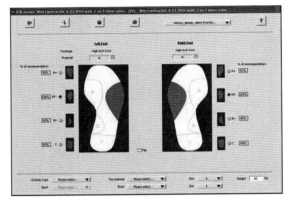

图6-4　足底压力测试比对及自动鞋垫修正建议图

（二）足底压力测试要求及方法

1. 足底压力测试要求

（1）安放位置要求。足底压力平板仅能采集人体步行时的垂直作用力，平板与水平面的位置关系将直接影响数据的准确性，因此，为了更好地获得真实数据，足底压力测试平板一般不支持安置在斜坡、过高或者过低的水平面上，最理想的测试环境设置应该是在测试地面设置一与平板厚度一致的凹槽，将平板安置于凹槽内，从而形成统一高度的水平测试面。

（2）受测人员要求。受人体主观因素的影响以及测试条件的限制，若压力平板面积过小，为了使测试者能够行经测试区，故意引导测试者改变步态，初次测试时往往数据与自然状态数据差异较大。为此，在正式开展测试前，应让测试对象了解测试目的和程序，并应让测试对象在实验室内自由步行往返多次以适应实验环境和测试过程。

（3）多次测试。人体足底压力的一次测试数据存在诸多的影响因素，因此，仅通过一次测试数据的结果判定鞋类产品的穿着舒适性能存在极大的误差，所以在开展足底压力测试时强烈建议开展多次测量，利用软件的平均计算功能，汇总多次测试结果，发现数据变化的总体规律特征，从而减小测试误差，获取真实数据。

2. 足底压力测试方法

足底压力测试的一般流程主要分为以下四个步骤：

①连接设备，启动Footscan Gait分析软件。

②激活设备，压力平板运行。

③发出测试指令，测试者以个人平常步态自然行走，需多次行经压力平板（图6-5）。

④系统以较高的采样频率动态扫描足底各部位的压力分布数据，记录足底压力的动态变化过程。

（三）足底压力测试数据分析

足底压力测试数据具有强大的数据分析功能，其应用领域不仅涉及鞋类产品的舒适性设计与制造，同时也被广泛应用于医疗康复评价领域。但在评价和改进鞋类产品舒适性时，关注的指标数据主要集中在压力分布特征、足底压力中心轨迹变化及压力、压强变化三个方面。

1. 压力分布特征图

压力分布特征图是足底压力数据强弱变化的图像表示，受人体足部功能及步态特征差异的影响，不同受试者之间足底压力分布特征图的差异往往不具备可比性，但压力分布图在鞋类舒适性的评价及改进中仍具有重要作用。以压力的集中趋势为例，研究人员根据红、黄、

图6-5　足底压力测试过程图

绿、蓝四色的变化趋势，能够直观地发现足底压力集中的特点，并结合鞋类产品鞋底的变化总结得出压力分布特点和鞋底设计之间的内在关联，以及力量持续时间的长短，这些数据是分析和改进鞋类舒适性鞋底设计的重要支撑数据。如图6-6所示，通过对比，在左边一组图中，能够清楚地观察到鞋底前掌跖骨对应位置的压力集中趋势，同时第一拇指处压力也较为集中，由于压力的集中使得足部在该区域内往往受到较其他区域更大的负荷，产生不适感。研究人员可以根据足底压力分布特征图，针对鞋底设计是否过薄、鞋底材料的硬度选择是否合适等因素进行该款鞋类产品的舒适性改进。在右边这组图中，则可以观察到大部分区域的压力分布都较均匀，说明该鞋穿着比较舒适。

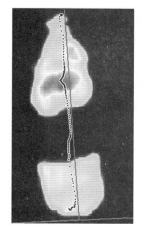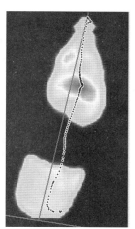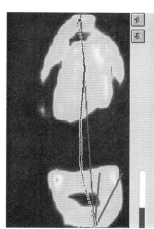

图6-6　穿鞋状态的足底压力分布集中与均匀对比

2. 足底压力中心轨迹线

与压力分布特征图类似，足底压力中心轨迹线能够直观反映鞋品穿着是否舒适。如图6-7所示，在图中蜿蜒变化的黑色虚线即为压力中心轨迹，该轨迹表明每一次足部与地面接触的压力中心位置，其实时变化与足部的翻转变化有直接联系。从鞋后跟该轨迹的起始位置

来看，左边这组图片中压力中心轨迹最初接触地面时形成的形态较为平缓和流畅，表明足跟接触地面平稳，说明鞋跟缓冲效果较好；而右边这组图片中足底压力中心轨迹变化突然、转折较大，预示着后跟与地面的接触作用相对剧烈，足部短时受到的冲击未能很好地释放，说明鞋跟缓冲效果差。

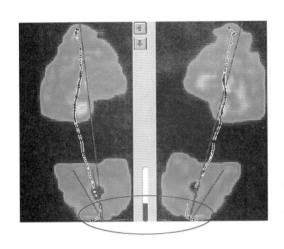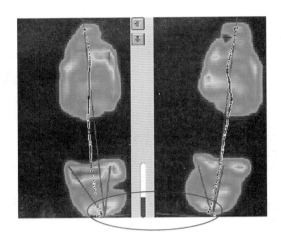

图6-7 后跟缓冲效果好与差的鞋子足底压力中心轨迹线对比

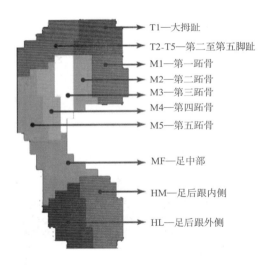

图6-8 足底主要受力区域分布图

3. 压力、压强均值数据

除了足底压力分布图和压力中心轨迹的变化外，足底压力测试系统的重要数据类型即能够按照人体足部骨骼对应位置计算足底各部位所承受的压力和压强变化。压力和压强的变化与鞋类的穿着舒适性负相关，一般表现为压力、压强越大，鞋类的穿着舒适性越差，反之则舒适性越好。足底压力测试系统将足底分为十个主要受力区域，分别为足后跟内侧（HM）、足后跟外侧（HL）、足中部（MF）、前掌第一到第五跖骨（M1，M2，M3，M4，M5）、大拇指（T1）和第二到第五脚趾（T2-T5），如图6-8所示。

不同的受力区域在分析系统中使用不同颜色的曲线表示，曲线在X轴的变化代表力量发生和变化的时间，而纵轴则代表指标的高低（图6-9）。将人体赤足状态与穿鞋状态下的压强、压力曲线及对应值产生的变化相对比，就能够准确测定该鞋类产品对足底压力的分布变化发生了何种影响，高低变化即是影响的强弱，从而使得研究人员能够定量地分析和评价鞋底的舒适性能。

（四）足底压力测试实验

在现有鞋类产品中，并不是所有鞋的设计都考虑了人体穿着的鞋底压力舒适性，尤其是受到款式和工艺的制约，某些鞋类产品的鞋底舒适性设计具有极大的提升空间。因此，在本足底压力测试实践环节中，主要选取了两种鞋底结构相近，材料硬度不同的产品，进行足底压力测试的比较，指出优劣，并根据测试结果提出相应的改进建议。

1. 目的

选取两款鞋底结构相近，但鞋底硬度指标不同的产品，通过足底压力测试技术观察不同测试者穿着两款产品的足底平均峰力值、压力中心轨迹过渡特征、鞋底压力2D图像等参数特征，比较两款产品的鞋底舒适性能。

2. 方法

使用比利时RSscan公司Footscan USB2平板式足底压力测试系统，对比7名年龄在18～20周岁的男性学生穿着两款产品的足底压力分布特征。

3. 实验过程

（1）受测人员选取及培训。选取的7

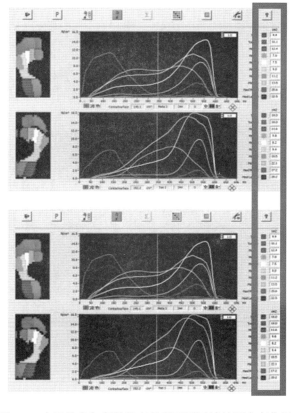

图6-9 赤足状态与穿鞋状态足底不同区域的压力变化图

名测试者，穿鞋尺码40，经询问无足部畸形、异常步态和足部外伤史，足踝关节活动正常。所有受试者均脱鞋袜，以个人平常步态自然行走，足底压力分布解析系统可获得完整步态周期的足底压力分布图，测量3次。

（2）测试设备校准及样鞋准备。图6-10（a）鞋的后跟硬度值为70HSA，图6-10（b）鞋的后跟硬度值为58HSA，HSA表示A型肖氏硬度计测定的肖氏硬度值，符号为HS。

(a)

(b)

图6-10 样鞋准备

（3）测试数据分析。图6-11为测试样鞋的穿着足底压力分布特征图，其中图6-11（a）的鞋底硬度值为70HSA，通过压力的分散趋势可以看出，足底压力集中趋势明显，尤其是左脚的压力分布特征，前脚掌跖骨下、大脚趾压力明显集中；与图6-11（b）的硬度值为58HSA鞋比较，压力集中现象明显降低，硬度值为58HSA的鞋子在压力的分散性能上较硬度值为70HSA的鞋子更好，初步判断58HSA的鞋子鞋底舒适性更佳。

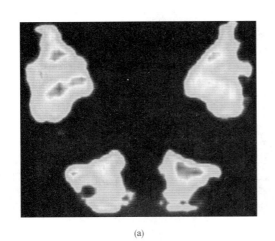 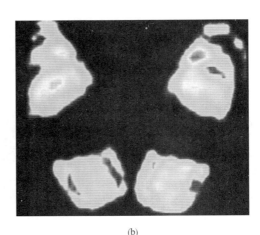

(a)　　　　　　　　　　　　　　　　(b)

图6-11　足底压力分布特征图

图6-12为两双鞋压力中心轨迹变化的比较，由于两双鞋的鞋底硬度差异，图6-12（a）为硬度较大的鞋子，其足底压力中心轨迹在足跟着地的瞬间，几乎未发生弯转过渡，压力中心轨迹径直向前掌过渡，表明在该硬度下，鞋后跟着地瞬间，无法实现充分压缩，后跟缓冲地面冲击力的效果较差；而图6-12（b）显示的鞋，明显能够观察到压力中心轨迹的递进特征，随着鞋跟的压缩形变，足底压力中心轨迹流畅地向着前掌过渡，足部在整个着地过程中，地面冲击力，尤其是后跟的受力被明显削弱，其后跟缓冲性能较图6-12（a）显示的鞋子更好，鞋底的舒适性能更高。

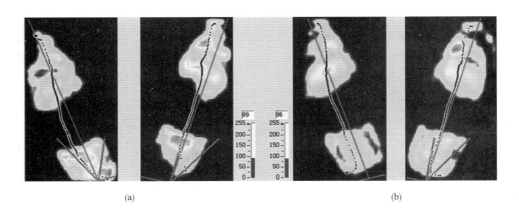

(a)　　　　　　　　　　　　　　　　(b)

图6-12　足底压力中心轨迹变化

图6-13（a）中的鞋子因后跟硬度较低，其后跟更易被压缩，缓冲地面冲击力效果更好；图6-13（b）中的鞋子则较差。

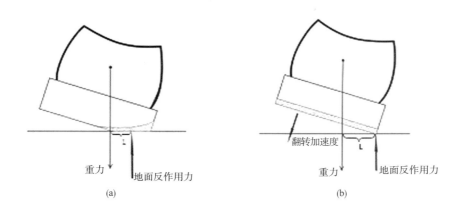

图6-13　后跟压力比较

最大压强分布比较如表6-1所示。7名测试者各3次测试数据，选取足底三大区域的最大压强值平均后得出：

表6-1　足底三大区域最大压强值比较　　　　　　　　单位：N/cm²

		1	2	3	4	5	6	7
70HSA	踵心	17.90	16.80	18.20	19.40	18.60	17.90	18.80
	第2跖骨	23.20	21.30	20.60	25.60	22.40	26.40	21.50
	第3跖骨	21.30	20.10	21.60	23.40	20.50	24.20	23.30
58HSA	踵心	15.10	16.20	16.80	17.40	16.90	16.40	17.90
	第2跖骨	20.60	19.80	21.00	24.10	18.50	17.20	18.10
	第3跖骨	20.60	19.80	19.50	20.77	21.50	20.40	21.30

两双皮鞋在后跟踵心处的峰值压强分别为：70邵尔A为（18.2±0.82）N/cm²，58邵尔A为（16.7±0.9）N/cm²。经ANOVA分析$p<0.01$，差异显著，硬度为58邵尔A的鞋子在缓解足跟着地时踵心受力有一定的效果。

足前掌第2跖骨和第3跖骨处的压强经ANOVA分析，$p<0.05$，58邵尔A的皮鞋前掌中心压强明显降低，与硬度为70邵尔A的皮鞋存在差异。

（4）结果与讨论。通过足底压力分布特征图、足底压力中心轨迹变化以及足底三大区域最大压强值比较，硬度值为58HSA的皮鞋在压力分散效果、缓冲足跟受力等指标上较硬度为70HSA的鞋子更好，足跟在着地瞬间，鞋后跟被充分压缩，有效降低了足跟的受力，提高穿着舒适性。

由于足底压力测试受到鞋底结构变化的影响较为明显，因此，通过足底压力平板分析和比较不同款式结构下的皮鞋舒适程度具有明显的局限，其一般的做法是样鞋按照统一的结构、工艺进行制作，设定某一差异指标。例如，本例中的鞋底硬度，通过足底压力平板的测试比较，在硬度不同的情况下，对压力分布特征变化的影响。

（5）意见与建议。为了设计和制造出鞋底舒适性更高的鞋类产品，应用足底压力平板测试，比较和分析不同鞋底结构和材料指标下的压力分散效果，为材料的选取和结构的设计提供有效的评价手段。但受到人体测试过程中随机误差的影响，要求测试数据的样本量足够大，通过大量的测试样本，总结数据变化规律特征，降低异常数据对测试结果的影响是当前足底压力测试的重要条件。

在本例中，鞋底硬度作为变化的指标，得出在该款式鞋底设计上，鞋底硬度低，其压力分散指标和后跟缓冲性能更明显，从而为设计开发人员提供了鞋底舒适性、硬度设定的参考依据。但并不是所有鞋类产品的硬度设计都可按照该结论进行完善，也要考虑款式、工艺和穿着环境的需要，在不同的环境之下，鞋类产品的穿着需求亦会发生变化。同时，该技术所测试得到的鞋底压力数据受到鞋底结构和硬度的影响过大，仅通过鞋底压力分散的效果衡量整鞋的穿着舒适性能显得过于片面，要想进一步了解和评价鞋类产品的穿着舒适性，还必须关注足部在鞋腔内的受力特征。

二、鞋内垫压力测试

（一）鞋内垫压力测试简介

与压力平板测试技术不同，鞋内垫压力测试系统主要是针对人体穿鞋状态下足底与鞋底之间的受力变化，鞋楦的楦底曲面弧度、鞋底和鞋垫材料以及结构发生变化时，测试足底与鞋内底接触部位的力学指标变化，评价这些因素变化对足部舒适性的影响。由于足底压力平板测试技术不能获取人体足底和鞋底之间的力学指标，使得鞋内垫压力测试技术成为更进一步观察和分析人体足部在鞋腔内足底受力的一项重要技术。与此同时，鞋内垫压力测试系统与足底压力平板技术相比，其具有连续获取足底与鞋内底力学指标变化的性能，并且对测试者正常开展测试干扰较小。因此，在很多鞋类产品，如女士高跟鞋的力学指标测试，鞋内垫压力测试系统发挥了重要作用。鞋内垫压力测试系统已经成为评价创新的鞋底材料和结构对于舒适性的改进效果的重要手段。

鞋内垫压力测试技术其实是一项将压力传感器铺设在鞋腔之内进而用来测量足底跟鞋内部之间压力分布的技术。压力平板技术更多的是在穿鞋状态下的测试，测试的是整只鞋底与地面的压力分布状况，因此两项技术相比，鞋内垫压力测试技术更能够反映足部在鞋腔之内的压力分布状况。

（二）测试设备简介

鞋内垫压力测试技术的原理与足底压力平板类似，其通过安置在鞋垫内部的压力传感器，实时扫描并存储脚底压力的变化信息。这些记录下的足部与鞋底之间的力量变化有利于研究人员分析鞋类产品的穿着舒适性。一般鞋内垫压力测试装置能够连续测试人体足部压力信息，与足底压力平板相比其依靠穿着在身体上的鞋垫进行压力测试，而不是在某一个特定区域内完成测试。当前鞋内垫压力测试系统种类繁多，不同品牌鞋内垫压力测试系统的实用性主要关注的指标一般为鞋垫与测试样鞋的匹配性；其次是鞋垫的扫描频率和压力传感器数量，扫描频率和压力传感器数量越高，越容易观察到足部与鞋内底之间的细微力量变化；最后是鞋垫设计的厚薄以及分析系统的实用性，以不影响人体正常穿着为标准，鞋垫设计越薄，测试结果与真实值越接近。本文选取比利时RSscan Footscan Insole鞋垫测试系统来介绍鞋内垫压力测试技术一般的测试步骤以及应用其分析鞋类舒适性的简要方法。

1. 设备组成

比利时RSscan公司的Footscan Insole鞋内垫压力测试系统主要由测试鞋垫、数据采集卡、数据采集盒、激发器和计算机五部分组成。

2. 软件界面

Footscan Insole鞋内垫压力测试系统是分析足底压力测试数据的主要工具，与足底压力平板系统界面类似，测试界面包括显示压力的平面图，通过颜色的变化反映压力的集中趋势，也呈现出红、黄、绿、蓝四色的递减变化（图6-14）。不同的是鞋内垫压力测试系统还具备由于是连续测试足底与鞋底之间的压力，因此通过"分步"选项，即可以自主选择要分析的脚步（图6-15）。

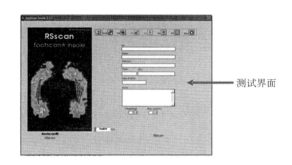

图6-14　鞋垫压力测试界面图

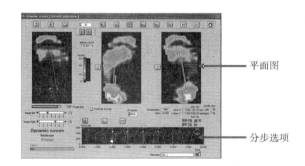

图6-15　分步选项界面图

3. 系统特性

Footscan Insole鞋内垫压力测试系统具有高达500Hz的测试频率，因此其能够实现微观观察足部高速运动的力学特征变化，尤其是针对运动鞋的舒适性研究，往往需要较高频率的测试。穿着测试样鞋的受试者能够基本实现外界零干扰的情况下开展步行以及各种运动测试，与足底压力平板测试技术相比，鞋内垫压力测试更灵活，适用场所更广泛。例如，在高跟鞋的舒适性研究中，由于鞋跟结构的变化，使得高跟鞋穿着者的足部鞋腔姿态异常前倾，因此研究鞋跟高度变化对足部在鞋内压力的分布影响具有重要意义，国外研究机构及品牌均是通过该项技术展开高跟鞋的舒适性研究。如图6-16所示，是鞋内

图6-16　鞋内垫压力测试系统在Insolia鞋垫设计中的应用

垫压力测试系统在Insolia（高跟鞋制鞋工艺中的应用技术）鞋垫设计中的应用。

鞋内垫压力测试系统因其具有能够测试和分析足部和鞋内底之间的力量变化，使其具备了其他压力测试技术所不能替代的测试性能，所以该项技术被普遍地应用在运动鞋和高跟鞋的舒适性改进之中，通过压力的变化来评价鞋类产品鞋内底的设计优劣，并不断测试改进产品，最终确定最佳舒适性设计方案。

☞【链接】提升高跟鞋舒适性的科技产品Insolia鞋垫

Insolia鞋垫是一款基于鞋内垫压力测试技术的高跟鞋舒适配件产品，其在高跟鞋的舒适性改进过程中，并未对鞋类产品本身的结构和材料进行改变，而是通过硅胶材料制订了安置在鞋内底后3/4处的结构，实现减缓足部向鞋头处的滑动，达到均衡鞋内压力的效果，该创新产品的实现正是使用了鞋内垫压力检测系统，通过测试和分析有无Insolia鞋垫的鞋内足底压力变化趋势，以均衡压力分散效果为研究目标，最终制订了Insolia鞋垫的设计参数，实现长时间穿着高跟鞋状态下的前脚掌舒适效果（图6-17）。

图6-17　Insolia鞋垫改善足部受力趋势的原理

（三）鞋内垫压力测试步骤

鞋内垫压力测试的步骤：

（1）选择与测试鞋吻合的鞋垫尺码安置在鞋腔之内，测试者穿着测试样鞋并连接鞋垫和数据采集盒。

（2）连接数据采集线至计算机。

（3）测试人员先行开展步行或运动，待基本熟悉测试的目的后，测试者随机触发设备采集。

（4）测试时间超过8秒后，停止测试，取下数据存储卡。

（5）连接打开Insole分析软件，通过数据采集卡传输数据至计算机。

（6）保存数据，以备实验完毕后开展针对性分析。

由于鞋内垫压力测试感应器安置在鞋腔之内，因此在整个测试过程中，务必确保鞋垫放平，以防由于折叠踩压影响测试结果，甚至损坏压力鞋垫感应器，鞋垫的安置应该遵守匹配、放平、无折皱的原则（图6-18）。

（四）鞋内垫压力测试要求

与足底压力平板测试技术相比，鞋内垫压力测试的开展要求相对简单，测试人员主要应关注鞋垫在鞋腔内的安置是否与测试样鞋尺寸匹配，以防止在测试过程中损坏鞋垫以影响数据的准确性。以Footscan Insole为例，其使用的SCSI（小型计算机系统接口）卡仅能保留8秒的测试数据，因此一旦触发测试系统，即从触发之刻起8秒内的数据进行保留，再次触发则先前测试数据被覆盖，所以要求测试人员务必清楚知晓测试的目的，以便准确触发设备，采集需要步行或者运动阶段的数据。

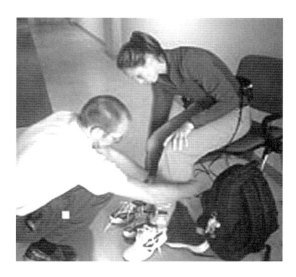

图6-18　鞋内垫压力测试准备

（五）鞋内垫压力测试数据分析

鞋内垫压力测试系统分析和改进鞋类的舒适性主要关注的指标与足底压力平板类似，也是通过图像的分析，压力、压强数据的比对以及平衡曲线变化三个方面衡量鞋类产品的舒适性能，但足底压力平板测试的鞋底压力数据受到鞋底造型的影响，往往足弓处的受力难以获得，而鞋内垫压力系统获取数据更加全面，其对于评价楦底曲面变化以及鞋垫的材料和结构变化对舒适性的影响具有重要意义。具体来说，应用其评价鞋类的舒适性能主要关注的指标如下。

1. 鞋内压力分布特征图

在鞋内垫压力测试系统中，测试图像的表述仍然使用的是红、黄、绿、蓝四色的变化，研究人员根据红、黄、绿、蓝四色的变化趋势，清楚发现足部在鞋腔之内足底各个部位受力的集中趋势，可以清楚地察觉鞋内底设计的优劣，同时鞋内垫测试的足底压力图的面积变化同样具有舒适性评价的意义。例如，当前较为流行的三维立体鞋垫设计，通过改变传统鞋垫扁平的造型特征，其立体结构与足底形态吻合，实现足底全接触，从而发挥均衡压力的效果。通过鞋内垫压力测试能够清楚地发现鞋垫是否实现了与足底的全接触，尤其是足弓处的接触形态，从而帮助设计人员不断调整和改进鞋垫的造型结构设计（图6-19）。

图6-19　立体鞋垫造型图

2. 足底各区域的压力与压强变化

鞋内垫压力测试技术与足底压力平板一样，其也需要在足底划分特定的区域，帮助研究人员有针对性地对足底的区域进行观察，一般Footscan系统本身会自动将足底分为九个区域，其中足跟四个区域、足弓两个区域、前掌三个区域（图6-20）。区域的定义可以手动调节，

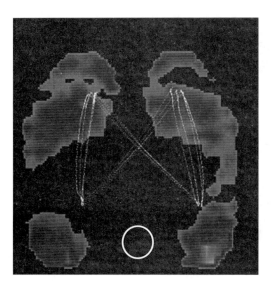

足弓接触面积

图6-20 鞋内垫测试压力分析界面

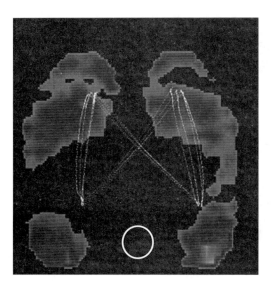

图6-21 鞋内压力中心轨迹平衡性

以帮助研究人员对感兴趣的区域进行针对性研究，九个区域随时间的推进、力值发生变化的情况，以不同颜色的曲线表述，其中在足弓区域还能够观察到足弓的受力面积。

3. 步态的平衡性判断

正常人行走一般步态特征呈现左右对称的趋势，穿鞋行走亦是如此。足底压力鞋内垫测试系统自带的压力中心轨迹计算功能，能够分析人体行走过程中的平衡状况，尤其是当鞋类产品发生变化时，压力中心随之变化的特征对于评价鞋类产品的平衡尤为重要。当鞋类产品长时间穿着，由于磨损和踩压，鞋底发生变形，鞋类产品丧失以往的平衡状态，鞋底舒适性逐渐下降。因此，通过鞋内垫压力测试系统观察人体步行和运动时的步幅平衡性，是判断鞋类产品穿着状态下左右步态是否均衡，以及及时发现鞋类产品平衡性变化并采取改进措施的重要手段。如图6-21所示，观察鞋内压力中心轨迹平衡性（白色虚线），能够清楚看见左右脚压力中心轨迹相交处并未呈现在左右组之间中心位置，而是更靠近右脚内侧，表现出不平衡的状态，如能够通过鞋底或者鞋垫改进这种不平衡的状态，势必有利于提升鞋类产品穿着的舒适性能。

（六）鞋内垫压力测试实验策划

鞋内垫压力测试技术正如先前所述，其主要是分析鞋内底与足底之间的力学指标变化，在鞋类设计中能够对这一接触面力学指标造成影响的因素，都被认为是影响鞋品舒适性的关键，如鞋跟高度、前翘变化、楦底曲面弧度、鞋内底形态、鞋内底厚薄以及鞋内底的材料硬度等，那么为了实现鞋品更佳的穿着舒适度，围绕以上鞋类产品设计因素开展的鞋内垫压力比较性测试，则能够帮助设计开发人员了解特定设计下的舒适性，同时不断进行材料和结构创新，改进鞋品的穿着舒适性。

1. 确定实验目的

鞋内垫压力测试技术主要用于测试和评价鞋类产品内底形态、材料以及楦底曲面设计对足底的压力分布影像，按照压力分布的均衡性，能够反映出以上鞋类结构设计的优劣，因此在本测试开展前期，作为研发人员首先应该明确测试目的，一般情况下，为了能够反映鞋类产品的特定结构对舒适性的影响，采用某一指标不同的设计方案制作的鞋类产品作为测试样鞋，通过测试来评价单一指标变化对鞋类舒适性的影响。

2. 受试者选取

按照鞋类产品的穿着对象不同，选取适合测试鞋码的穿着受试者，一般情况下，按照样品鞋制作规则，选取男性鞋号250mm，女鞋鞋号230mm的样鞋。受试者要求无下肢损伤历史，对测试样鞋的款式和类型有穿着使用经验，以免由于受试者自身原因，产生较大的测试结果误差。

3. 测试设备连接与穿戴

按照鞋内垫压力测试系统的要求，将鞋内垫、数据连接线、数据采集盒进行连接，同时将设备穿戴在受试人员身上，将数据存储卡插入数据采集盒，确认设备连接正确，准备开展测试。

4. 开展测试并记录数据

在本步骤开始前，应先将数据接收装置与计算机相连，准备存储测试数据。在受试者穿戴好测试设备后，按照实验的既定要求，组织受试者穿着测试样鞋运动或者步行，待数据采集完毕后，表明测试数据成果已存储于数据卡内。

5. 数据保存与分析

将数据存储卡与连接计算机的数据采集盒相连，启动软件，选择记忆卡选项，导入数据，再选择存储，将测试所得到的数据存入计算机，以便于下一步的数据分析。重复第三至第五步骤，逐个完成对每位受试者的测试，以获取测试样鞋在不同受试者下的足底压力分布特征。

（七）测试的意义

除了对整个足底压力鞋垫系统的操作有一个全面的认识，通过足底压力系统测试得到的数据，同样具有重要意义。

（1）认识鞋内垫压力测试系统。如图6-22所示，为足底压力鞋内垫测试系统的分析主界面，在足底受力的不同区域，应用不同的颜色来进行区分，颜色鲜艳的代表压力集中区，而颜色较浅则代表受力较为分散的点。

（2）整个足底压力鞋垫测试系统给我们提供的是如图6-23所示这样的鞋底设计，此设计体现了鞋底压力设计可改善穿着者的足底结构、鞋内垫的结构。鞋内垫压力测试技术可评价此鞋底弧度对足底的支撑效果是否良好。

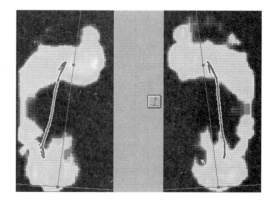

图6-22　足底压力鞋内垫测试系统

（3）鞋内垫压力测试技术还可以帮助改良中底的曲面弧度和楦底的曲面弧度，通过鞋内垫压力测试技术可以针对鞋内垫设计、鞋中底设计和鞋楦楦底曲面设计这三个方面进行优化。

（4）鞋内垫压力测试系统除了呈现脚底印和足弓受力面积之外，还可以展示整只足部在鞋腔内所受到的压力和压强分布状况。

（5）可进行平衡性分析。

（6）可以测量足部在鞋腔之内的尺寸变化。在正常情况之下，进行脚型测量通常是让

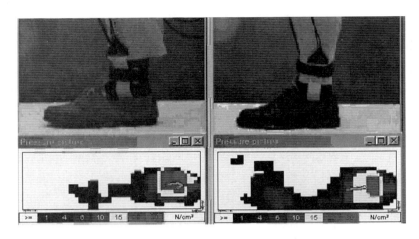

图6-23 鞋底设计

测试人员光脚站在水平面上来测试脚在静止状态下的变化。但是在鞋腔之内受到帮面的挤压等因素的影响，整个足部所呈现出来的形态并不一定是脚在静止不穿鞋的状态下所表现出来的状况。所以，此时在测量脚在鞋腔之内的形态变化对于我们评价脚尺寸变化跟舒适性之间的内在联系有着重要的参考意义。

三、点压力测试及分析

鞋类产品产生之初，其最核心的设计目的即保护人的双脚免受外界伤害，鞋的结构造型也由此基本被确定下来。鞋必须包裹和承托人体的足部，与足部相接触的部位设计都应是鞋类舒适性应该考虑的问题。前面已经介绍了测量鞋底或者鞋底与足底之间力学指标的技术方法，下面我们介绍一下点压力测试。

（一）点压力测试定义

点压力测试的定义：以传感器实际测试面积为单位的，任意选取的测量点在鞋类产品帮面的束缚下，产生的压力变化。

足部受到行走的影响，其在鞋内的形态也是时刻变化的，因此，同一部位点在人体行走的不同阶段，其表面的点压力数值是发生变化的，当这个变化的力值超出人体舒适感受的极限，即产生不适感。因此，分析不同的消费者整个足部关键部位点在穿着不同的鞋类产品时这些部位点压力的变化，进而实现部位点压力跟穿着鞋类产品款式、材料之间对应关系的途径，从而可以找到点压力测试对鞋类舒适性的重要影响。

（二）点压力测试设备

到目前为止，国内外涉及点压力测试的技术研究文献极少，表明该项测试技术在鞋类舒适性中的应用还处于起步阶段。点压力测试设备针对足部关键部位点进行帮面束缚力的测试，能够清楚地观察到当帮面材料发生变化时、鞋楦尺寸发生变化时的足部表面受压状况，为评测不同帮面材料和鞋楦对人体足部受力指标变化提供了关键手段，尤其是建立以足部受压为标准的鞋类产品舒适性提供了可能。下面我们介绍美国Tekscan公司的压力分布测量系统。

1. 设备组成

美国Tekscan公司的ELF点压力测试设备主要由薄膜式压力传感器、压力接收器、安装光盘以及计算机四部分组成（图6-24）。

2. 软件界面

在点压力测试系统中横轴表示点压力发生的时间，纵轴代表点压力实际的大小（图6-25），测试部位点的压力随时间变化曲线，两种颜色代表测试点的数量为两个点。实际针对足部关键部位点的压力测试过程中，往往选取不止一个点作为测试部位，因此在系统中出现不同颜色线条的数目表明测试点的数量。

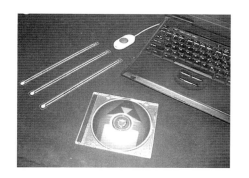

图6-24 点压力测试设备的组成

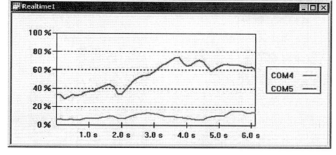

图6-25 点压力测试界面

3. 系统性能

Flexiforce传感器有非常多的用法。典型的运用就是把检测的压力转化成电压信号输出。校准也必须去做，就是把输出信号和相应的压力的大小对应。根据配置，灵敏度依然可以进行调节。

（1）传感器负载。Flexiforce传感器的整个传感区域被当成一个独立的接触点。因此，负载应均匀分布在传感区域以保证准确和重复的测力数据。如果负载分布改变就会轻微地改变传感器的读数。施加负载的持续性也很重要，并保证每次是同样的方式，同时不要让传感区域外面的部分也支持负载。

如果要测的负载大于传感区域，那么可使用一个圆盘（一般由硬材料构成，其大小小于传感区域），使负载通过圆盘压住传感区域，注意不要压住传感区域的边缘。施加的力应垂直于传感区域的平面，否则会降低传感器的寿命。若非要加这样的力，需要有弹性材料进行保护。如果把传感器放在一个表面，可使用带子或胶水。注意不要把胶水沾在传感区域，如果一定要的话，要保证涂的均匀，否则一些高点会变成负载。

（2）饱和值。饱和值就是输出不再随施加的力而变化的点。每个传感器的饱和值会印在包装盒或传感器上，同灵敏度在一起。饱和值在上面的运用电路中和反馈电阻有关，当降低反馈电阻时可降低灵敏度，但可增大量程，也就是可增大饱和值。注意在测试中不要让外力到达饱和值。

（3）传感器适应使用。在测试或校准前，让传感器适应或适用对取得准确的测量数据是必需的。它可以帮助减少磁滞和飘移。让传感器适应使用，可采用110%的力加在传感器上，让传感器稳定，再移动负载。重复这个过程四至五次。传感器和测试材料的接触面须保持和测试和校准时一致。

（三）点压力测试步骤

点压力测试采用的系统包括：数据采集器，压力传感器，用于数据采集和分析的计算机及软件。

操作步骤：选取足部关注点，即要测量的那些部位的点压力；安置传感器，放置标准为放平、不打折为标准，尽量降低对人体穿着舒适性的影响；连接数据采集器；开展测试。

受到整个装备技术水平影响，到目前为止，点压力测试技术主要有两种类型：有线连接型和蓝牙无线连接型。相比较有线连接的测试方法，无线连接能够达到最优化的测试目的，即整个测试过程不会对测试者运动状态进行任何干扰，所以建议在测试过程中尽量选择通过蓝牙无线数据传输的方式进行。

（四）点压力测试一般关系的足部特征点

针对鞋类舒适性测试，一般测试状态有：悬空（即人脚穿上鞋子将脚放置悬空状态，这时脚和鞋之间处在没有受到身体重量的情况之下，方便对脚的局部点作用力效果）、站立（测试在静止的站立状态整个帮面对脚的作用力效果）、提踵（测试踮脚状态下，不同鞋类产品在此刻整个脚面关键部位点的压力变化）、在跑步机或者原地模拟步行（测试穿着鞋类产品行走时整个脚面受到帮面的压力变化）等。

选取的足部关键点一般包括以下四个方面：第一跖骨外侧；第五跖骨外侧；舟骨点；其他根据研究需要选取的骨性标志点。

如图6-26所示，为足部部位点识别图，根据需要选取关键部位点。

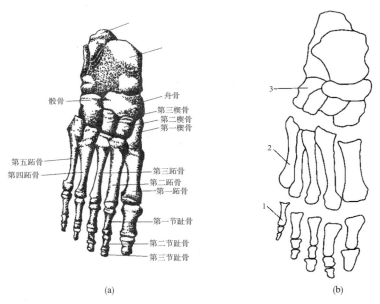

(a)   (b)

图6-26　足部部位点识别图
1—趾骨部分　2—跖骨部分　3—跗骨部分

第二节　人体三维力测试及分析

一、人体三维力概念

三维力即是穿着鞋类产品过程当中鞋底与地面接触三个方向所受的力，即垂直作用力、前后作用力、左右作用力。

鞋类产品的舒适性改进并不仅仅指均衡的垂直作用力在鞋底的作用效果，有的时候前后和左右的水平作用力对鞋底的摩擦、止滑也起着至关重要的影响。

二、测试设备

三维测力台与足底压力测试平台不同，不是由若干个传感器均匀铺设起来测试接触界面的压力分布，而是通过四个方向的压力传感器的铺设来感知在不同的范围之内，这个时候的压力作用的合力的方向来评价整个脚着地过程中的三个方向的作用力的大小、方向、作用时间和梯度。目前为止，三维测力台技术更多应用在鞋底止滑性能的测试和提升当中。

三、止滑性能与测试

按照人体运动特点，三个方向的作用力有着数值上的显著差别：

（1）垂直作用力：更多受到身体重量以及脚落地速度的影响，数值最高。

（2）前后作用力：受脚跟着地时接触地面作用力的水平分力影响，在前后方向需要蹬地离开地面，整个作用力处在三维立体里面的第二个高度水平。

（3）左右作用力：脚着地过程中内外侧所受到的力，这个力量通常也当作体现鞋底止滑性能的重要指标。

现有的测试鞋类产品止滑性能较高端的设备如图6-27所示，这个模拟人体足部行走状态的测试装备，通过模拟人脚在这里持续运动，测试不同鞋类产品与不同界面所接触鞋底的摩擦力状况，最终反映鞋底的止滑性能，是专门针对成鞋产品鞋底止滑性能的测试。

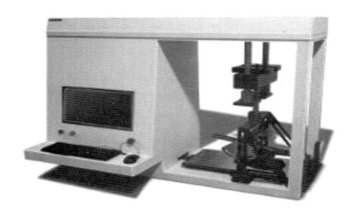

图6-27　成鞋产品的鞋底止滑性能测试设备

　　图6-28是肘节式止滑测试仪，是一种针对不同鞋底材料而进行的止滑性能测试设备，通过红色的支架逐渐地向下偏转，使作用在材料表面的水平分力逐渐增加，当水平力超过了最大静摩擦力的时候，整个测试支架向下倾倒，记录下倾斜的角度，通过角度的变化来评价此测试材料的止滑性能。从整个测试装备性能上可以看出，止滑的倾角越大，证明了鞋底材料的止滑性能越高。

图6-28　肘节式止滑测试仪

第三节　主观测试

一、主观测试的定义

　　主观测试，即由消费者反馈鞋服穿着舒适信息，供设计开发人员评价改进产品舒适度。脱离了真正试穿感受的鞋服产品设计，其舒适性水平是难以保证的。选择标准脚型，通过脚模试穿不同鞋服产品来制订最后鞋服产品的穿着舒适性效果。企业为了满足款式设计和工艺制作的需要，往往每季产品改动较大，使得舒适性水平发生变化，上一季通过脚模试脚以后得到的鞋服设计标准就会改动很大。因此，这就要求每一季产品在设计开发完之后均需要标准脚模进行试穿，反馈主观信息来帮助设计师优化舒适性。

二、主观测试的意义

　　（1）主观测试是产品量产前的最后质量关口。一双鞋除了产品的质量符合国家标准之外，最重要的就是舒适性是否满足穿着者的需求，因此在产品制作完成之后应该进行主观测试反映其舒适性水平。

　　（2）主观测试是证明产品满足一般穿着舒适度的模拟实验。鞋服产品与穿着者的脚型，在现有的工业化生产条件下，很难实现完全匹配。所以至少应该满足一般的穿着需求，这样的鞋子才是符合市场需要的。

（3）主观测试能够有效避免产品批量品质问题，在最大程度上避免质量风险。鞋服产品受材料、帮面结构、鞋底结构设计影响，往往一双成鞋设计完成以后，整个产品的物理机械性能可能是合格的，穿着的过程当中受鞋与地面的接触影响，受脚与鞋的相互作用，鞋服产品的结构可能会发生变化，鞋服产品的质量是否会像产品物理机械性能测试那样合格，需要主观测试试穿才能得出结论。

（4）主观测试有助于企业开发更为舒适的鞋品。鞋服产品的舒适性重要程度仅次于鞋服产品的质量，在现有的鞋服产品当中，由于人们消费观念变化，舒适性的比重在消费者购买因素中逐渐上升，通过主观测试的方法，有助于提高鞋服产品舒适性设计。

（5）主观测试有助于企业总结产品设计舒适性规律，从而提升设计水平。鞋服产品不仅是参照国家标准进行款式的开发，更重要的是不断掌握市场消费者足部脚型变化的规律，以此来设计真正满足消费者舒适性需求的鞋服产品，通过不断地进行主观测试，帮助消费者找到更合适的鞋，帮助设计师不断积累舒适性设计经验，也是提高设计团队设计水平的重要途径。

三、主观测试的实施要求

（1）试穿范围：生活、工业、劳保、运动（不含特殊运动，如登山）等。

（2）试穿时间：按国家标准要求，每双鞋的试穿不少于8小时。通过长时间连续穿着来评价鞋服产品舒适性。

（3）试穿鞋要求：已知鞋楦、鞋款、性能、材料和工艺。

（4）试穿要求：每款不少于六双，最好包括一系列的鞋号，以此证明每款鞋子不同鞋号的穿着舒适性。

（5）试穿人员：试穿者脚型与试穿目的一致的正常脚型。

（6）特殊试穿人员：性别、年龄、职业，尤其是针对某些特殊职业的用鞋，应选取相应职业人员开展试穿测试。

（7）试穿袜子要求：统一白色袜子（检验穿着过程中鞋内里色牢度）。

（8）方法：一般采用配双试穿方法，由一只新设计（楦材、工艺等）配一双已知（工艺成熟）的鞋子，比对双脚的穿着感受，尽量体现可测试数据，如宽度、长度、围度、高度、厚度信息等。

国家标准中并未给出试穿关注的指标，因此，不同的企业，往往试穿测试关注的内容不同。上述主要取决于企业所生产产品的类型，以及生产时所用材料决定，不同指标均可以选择。

四、主观测试的不足及解决途径

（1）试穿者千差万别的脚部形态，使得如何在众多脚型里找到一个尽可能代表大多数人脚型的脚模难度很大。

（2）测试者存在感受差异。具备标准脚型的人并不一定能真实感受到鞋服产品的舒适程度，因此需要培养提高测试人员的足部感受能力。

（3）测试者的足型代表性。针对不同鞋服产品款式，不同企业鞋服产品设计的不同材料应用，尽量选择标准脚模，通过大范围、大面积人群脚模筛选，找到最合适、最标准的脚型；尽量扩大试穿范围，通过对不同鞋服产品的试穿，反映不同鞋服产品给消费者带来的不同体验，比较不同鞋服产品反馈的差异，来评价最标准脚模适合穿哪类产品。最理想的是针对不同鞋服产品、款式，都能找到标准试穿人员。

依靠标准脚模试穿，评价鞋服产品设计的舒适性一直以来都是鞋服产品生产企业测评产品采用的一项先进技术，其对鞋服产品的设计而言，不仅是评价，更为重要的是改进，使得鞋子的舒适性逐步提高。

在不久的将来，穿着测试可能会被计算机、人工足部模型所替代，但无论如何，人体试穿都具有现实意义。

参考文献

［1］施凯，崔同占．鞋类结构设计［M］．北京：高等教育出版社，2018．

［2］宋雅伟，王占星，苏杨．鞋类生物力学原理与应用［M］．北京：中国纺织出版社，2014．

［3］励建安，孟殿怀．步态分析的临床应用［J］．中华物理医学与康复杂志，2006（7）：500-503．

［4］唐正荣．步态分析的方法［J］．国外医学物理医学与康复手册，1996（1）：10-11．

［5］李建设，王立平．足底压力测量技术在生物力学研究中的应用与进展［J］．北京体育大学学报，2005（2）：191-193．

［6］顾德明，廖进昌．运动解剖学图谱［M］．北京：人民体育出版社，2008．

［7］张潇，卢世璧．人体足底压力的测量与分析［J］．医用生物力学，1994，9（2）：108-115．

［8］Wit B D，Clereq D D，Aerts P．Biomechanical Analysis of the Stance Phase During Barefoot and Shod Running［J］．Biomech，2000．

［9］Clark T E，Frederick E C，Hamill C L．The Effects of Shoe Design Parameterson Rearfoot Control in Running［J］．Medicine and Science in Sports and Exer-cise，1998．

［10］汤荣光．正常人足底静态和动态压力分布的测定［J］．中国生物医学工程学报，1994，13（20）：175-177．

［11］张建兴．服装设计人体工程学［M］．北京：中国轻工业出版社，2009．

［12］张文斌，方方．服装人体工效学［M］．东华大学出版社，2008．

［13］休弗雷．北欧设计学院工业设计基础教程［M］．李亦文，译．桂林：广西美术出版社，2006．

［14］谢庆森，牛占文．人机工程学［M］．北京：中国建筑工业出版社，2005．

［15］孙天赦，李再冉．鞋底结构对足底动态压力及着地特征的影响［J］．中国皮革，2015，14（44）：45-49．

［16］孙天赦．红外热像仪在鞋舒适性能研究中的应用［J］．中国皮革，2014：111-113，121．

［17］代家群，杜少勋．运动鞋鞋腔温湿度变化研究［J］．皮革科学与工程．2007（04）：66-68，72．

［18］罗逸苇．鞋类产品舒适度研究综述［J］．中国皮革．2005（16）：124-125．

［19］李园．浅谈影响成鞋舒适性的因素［J］．中国皮革．2002（18）：106-107．

［20］王舜．不同材质对鞋子的卫生性及舒适性的影响［J］．中外鞋业．2000（08）．

［21］陈刘瑞．浅谈底部件设计对鞋靴舒适性的影响［J］．辽宁丝绸．2017（03）：48-50，37．

［22］彭飘林，刘昭霞．运动鞋舒适性功能的开发思路［J］．中国皮革．2014（22）：132-136．

［23］陈大志，陈学灿，毛树禄，等．鞋类生理舒适性研究进展［J］．中国皮革．2013（06）：119-121．

［24］付景桓，费锐．浅谈鞋靴舒适性研究的现状［J］．中国皮革．2012（20）：108-111．

［25］林田．基于生物力学的鞋舒适性评价和设计［D］．福州：福州大学．2014．

［26］方廷. 鞋底压力在运动鞋设计中的分析研究［D］. 武汉：湖北工业大学. 2009.

［27］张杲阳. 女鞋压力舒适性研究与评价［D］. 北京：北京服装学院. 2008.

［28］卞勇，郑莱毅，沙民生，等. 影响成鞋舒适性关键因素的研究［J］. 中国皮革. 2014（06）：106-108.

［29］刘静民，郑秀媛，曲毅，等. 鞋的触觉舒适性研究进展刘卉［J］. 皮革科学与工程. 2012（04）：44-51.

［30］曹中华. 脚型对女鞋舒适度的影响研究［J］. 中国皮革. 2011（24）：105-108，121.

［31］张勤良，倪朝. 民鞋靴对足底压力分布影响及其舒适度研究进展［J］. 中国康复医学杂志，2012（02）：180-183.

［32］曲毅. 慢跑鞋鞋底硬度对舒适性的影响［A］. 中国体育科学学会运动生物力学分会. 第十六届全国运动生物力学学术交流大会（CABS 2013）论文集［C］. 中国体育科学学会运动生物力学分会：中国体育科学学会运动生物力学分会，2013：1.

［33］李云红. 基于红外热像仪的温度测量技术及其应用研究［D］. 哈尔滨：哈尔滨工业大学. 2010.

［34］曹中华. 脚型对女鞋舒适度的影响研究［J］. 中国皮革. 2011（24）：105-108，121.

［35］刘全龙. 鞋楦对女鞋舒适性的影响［D］. 北京：北京服装学院，2010.

［36］吴子天. 篮球鞋后跟杯硬度和鞋帮高低对踝关节稳定性的影响［A］. 中国体育科学学会运动生物力学分会. 第十六届全国运动生物力学学术交流大会（CABS 2013）论文集［C］. 中国体育科学学会运动生物力学分会：中国体育科学学会运动生物力学分会，2013：2.

［37］李颖，袁晓华，丁松涛，等. 热环境中透气式防护服的舒适性评价指标研究［J］. 中国个体防护装备，2011（02）：10-13.

［38］福尔特，霍利斯. 服装的舒适性与功能［M］. 北京：纺织工业出版社，1984.

［39］尹清杰. 基于鞋腔温度的鞋舒适性评价模型与标准［J］. 中国皮革，2011，40（10）：105-107.

［40］施凯. 基于温湿度及足底压力分布的鞋类舒适性评价体系及测量装置研究［J］. 中国皮革，2009，38（11）：19-22.

［41］王宏付，曹海建. 服装的透气、透湿性与穿着舒适关系研究［J］. 江苏纺织，2005（10）：46-47.

［42］邵丽梅. 谈亚麻针织内衣的舒适性［J］. 黑龙江纺织，2015（04）：12-14.

［43］Lewinson Ryan T，Stefanyshyn Darren J．Prediction of Knee Joint Moment Changes During Walking in Response to Wedged Insole Interventions［J］．Proceedings of the Institution of Mechanical Engineers．Part H，Journal of Engineering in Medicine，2016.

［44］Lewinson Ryan T，Madden Ryan，Killick Anthony，et al．Foot Structure and Knee Joint Kinetics During Walking with and without Wedged Footwear Insoles［J］．Journal of Biomechanics，2018.

［45］Roy Jean-Pierre R，Stefanyshyn Darren J．Shoe Midsole Longitudinal Bending Stiffness and Running Economy，Joint Energy，and EMG［J］．Medicine and Science in Sports and Exercise，2006，38（3）.

［46］Nurse Matthew A，Hulliger Manuel，Wakeling James M，et al．Changing the Texture of Footwear Can Alter Gait Patterns［J］．Journal of Electromyography & Kinesiology，2005，15（5）.

［47］Wannop John W，Luo Geng，Stefanyshyn Darren J．Footwear Traction and Lower Extremity Noncontact Injury［J］.

Medicine and Science in Sports and Exercise，2013，45（11）．

［48］Wannop John W，Worobets Jay T，Madden Ryan，et al. Influence of Compression and Stiffness Apparel on Vertical Jump Performance［J］．Journal of Strength and Conditioning Research / National Strength & Conditioning Association，2016．

［49］Osis Sean T，Worobets Jay T，Stefanyshyn Darren J. Early Heelstrike Kinetics are Indicative of Slip Potential During Walking Over a Contaminated Surface［J］．Human Factors，2012．

［50］尹荣荣，李树屏. 常见运动鞋特性及运动生物力学在制鞋的应用［J］．湖北体育科技，2015，34（06）：523-526．

［51］Ewald M H. Plantar Pressure Measurements for the Evaluation of Shoe Comfort，Overuse Injuries and Performance in Soccer［J］．Footwear Science，2014，6（2）．

［52］张辉，周永凯. 服装功效学［M］．北京：中国纺织出版社，2009．

［53］周永凯，张建春. 服装舒适性与评价［M］．北京：北京工艺美术出版社，2006．

［54］姜怀. 常用/特殊服装功能构成、评价与展望（上）［M］．上海：东华大学出版社，2006．

［55］香港理工大学纺织及制衣学系，香港服装产品开发与营销研究中心. 服装舒适性与产品开发［M］．北京：中国纺织出版社，2002．

［56］黄建华. 服装的舒适性［M］．北京：科学出版社，2008．

［57］徐蓼芜，於琳. 服装功效学［M］．北京：中国轻工业出版社，2009．

［58］李俊，乌应杰，李小辉，等. 燃烧假人着装实验中表面温度变化研究［J］．纺织学报，2014 35（3）：103-108．

附录 舒适性测试综合实践

附录1 足底压力平板测试实训指导书

实训项目	足底压力平板测试
实训任务	使用足底压力平板测试步行时足底压力分布
实训目的	熟悉足底压力平板设备的操作，了解足底压力分布特点
条件要求	足底压力平板、用于行走测试的独立空间和计算机等辅助设施
重点难点	重点：足底压力测试装备的操作 难点：足底压力测试数据的保存与调取
实训内容	1. 了解足底压力平板的基本情况和原理 2. 足底压力平板的测试过程 3. 足底压力平板测试注意事项 4. 足底压力平板数据保存与调用 5. 足底压力平板测试常见问题解答
实训步骤	1. 讲解足底压力平板测试的基本情况和原理 2. 连接足底压力平板和计算机，启动测试软件 3. 等待软件连接正常，新建用户，开展测试 4. 测试数据的保存与调用 5. 常用分析选项的基本信息描述 6. 测试完毕，数据导出 7. 常见问题解答
考核方法	考核采用分组形式开展足底压力平板测试，形成以组为单位记录测试过程和测试结论，包含： 1. 测试过程记录 2. 测试信息的全面 3. 测试信息代表意义阐述准确 4. 测试结论的分析

附录2　鞋内垫压力测试实训指导书

实训项目	鞋内垫压力测试
实训任务	使用鞋内垫测试步行时鞋内压力分布
实训目的	熟悉鞋内垫压力测试设备的操作，了解足部在鞋腔内压力分布特点
条件要求	鞋内垫测试系统、用于测试行走的空间
重点难点	重点：鞋内垫测试装备的操作 难点：鞋内垫测试数据的保存与调取
实训内容	1. 了解鞋内垫测试系统的基本情况和原理 2. 鞋内垫测试系统的测试过程 3. 鞋内垫测试系统测试注意事项 4. 鞋内垫测试系统数据保存与调用 5. 鞋内垫测试系统测试常见问题解答
实训步骤	1. 讲解鞋内垫测试系统测试的基本情况和原理 2. 连接鞋内垫测试系统和计算机，启动测试软件 3. 等待软件连接正常，新建用户，开展测试 4. 测试数据的保存与调用 5. 常用分析选项的基本信息描述 6. 测试完毕，数据导出 7. 常见问题解答
考核方法	考核采用分组形式开展鞋内垫测试系统测试，形成以组为单位记录测试过程和测试结论，包含： 1. 测试过程记录 2. 测试信息的全面 3. 测试信息代表意义阐述准确 4. 测试结论的分析

附录3 足表点压力测试实训指导书

实训项目	足表点压力测试
实训任务	使用点压力测试系统测试足表部位点压力特征
实训目的	熟悉点压力测试设备的操作，了解足部在鞋腔内所受多种力变化
条件要求	点压力测试系统、测试样鞋
重点难点	重点：点压力测试系统的操作 难点：点压力测试系统的安置与调节
实训内容	1. 了解点压力测试系统的基本情况和原理 2. 点压力测试系统的测试过程 3. 点压力测试系统测试注意事项 4. 点压力测试系统数据保存与调用 5. 点压力测试系统测试常见问题解答
实训步骤	1. 讲解点压力测试系统测试的基本情况和原理 2. 连接点压力测试系统和计算机，启动测试软件 3. 等待软件连接正常，新建用户，开展测试 4. 测试数据的保存与调用 5. 常用分析选项的基本信息描述 6. 测试完毕，数据导出 7. 常见问题解答
考核方法	考核采用分组形式开展点压力测试系统测试，形成以组为单位记录测试过程和测试结论，包含： 1. 测试过程记录 2. 测试信息的全面 3. 测试信息代表意义阐述准确 4. 测试结论的分析

附录4 足底三维力测试实训指导书

实训项目	足底三维力测试
实训任务	使用三维测力台测试步行时足底多方向力变化
实训目的	了解人体步行时，足底力量变化的多方向特性
条件要求	三维测力台
重点难点	重点：三维测力台测试装备的操作 难点：三维测力台测试数据的保存与调取
实训内容	1. 了解三维测力台测试系统的基本情况和原理 2. 三维测力台测试系统的测试过程 3. 三维测力台测试系统测试注意事项 4. 三维测力台测试系统数据保存与调用 5. 三维测力台测试系统测试常见问题解答
实训步骤	1. 讲解鞋三维测力台测试系统测试的基本情况和原理 2. 连接三维测力台和计算机，启动测试软件 3. 等待软件连接正常，新建用户，开展测试 4. 测试数据的保存与调用 5. 常用分析选项的基本信息描述 6. 测试完毕，数据导出 7. 常见问题解答
考核方法	考核采用分组形式开展鞋内垫测试系统测试，形成以组为单位记录测试过程和测试结论，包含： 1. 测试过程记录 2. 测试信息的全面 3. 测试信息代表意义阐述准确 4. 测试结论的分析

附录5　足底压力测试鞋类舒适性实验报告

实验目的： 应用足底压力平板评价鞋类产品底部舒适性能

实验时间： 2014年9月28日

实验设备及用鞋： 附图1～附图3

附图1　比利时爱思康足底压力半米平板　　　附图2　1号受试者　　　附图3　2号受试者

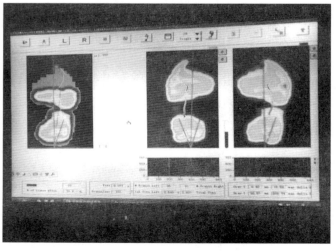

附图4　实验过程示意图

实验要求：

实验人员要求：熟练操作压力平板软件、熟悉测试过程、理解实验原理、知道数据作用。

受试者要求：无足部损伤历史，下肢步态特征正常，通过短暂培训，知道正确的实验方法。

实验过程： 附图4

实验数据分析：

1. 截取主要数据界

附图5～附图7是1号受试者穿鞋状态下所测得的数据。

附图8～附图11是1号受试者光脚下测试的数据。

附图12～附图14是2号受试者穿鞋状态下所测得的数据。

附图15～附图18是2号受试者光脚状态下所测得的数据。

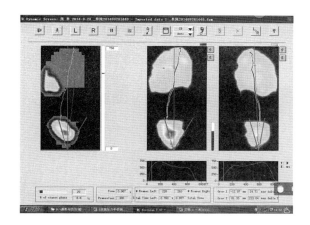

附图5　足底最大压力数据

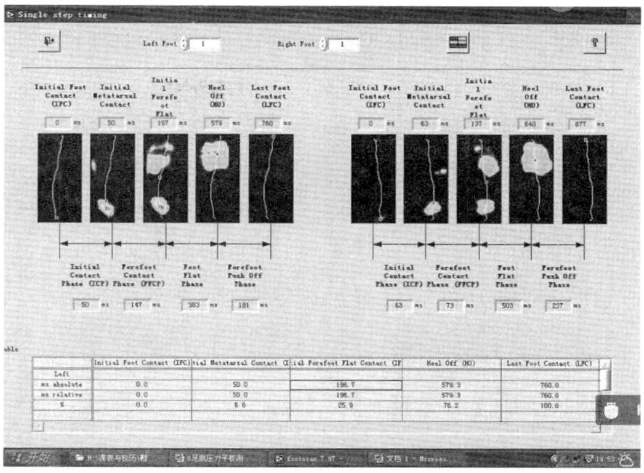

附图6　足底支撑地面时间数据

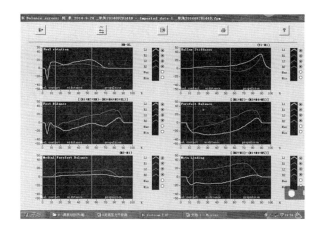

附图7　足部翻转特征

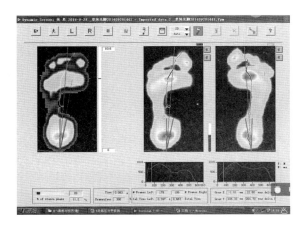

附图8　足底最大压力特征

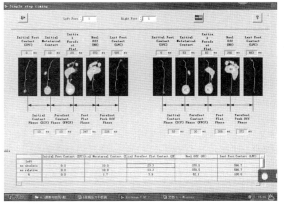

附图9　足底支撑地面时间数据

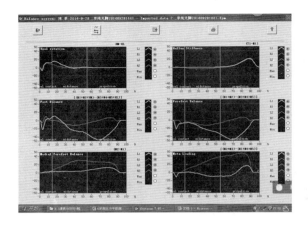
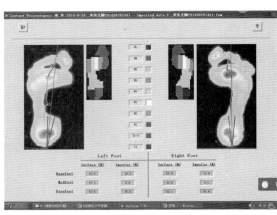

附图10　足部翻转特征

附图11　足弓形态类型

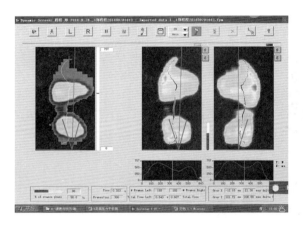
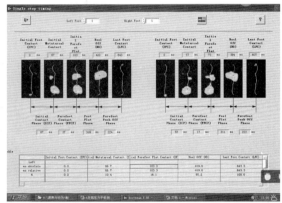

附图12　足底最大压力特征

附图13　足底支撑地面时间数据

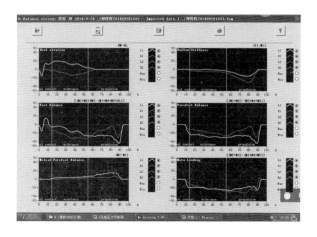

附图14　足部翻转特征

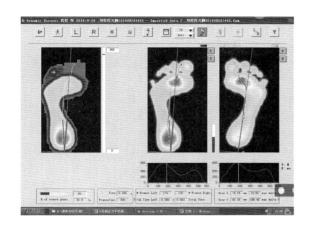

附图15　足底最大压力特征

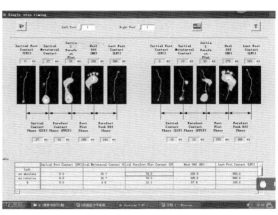

附图16　足底支撑地面时间数据

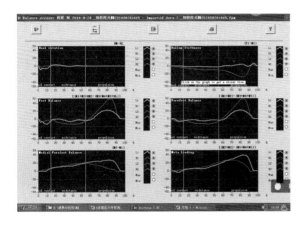

附图17　足部翻转特征

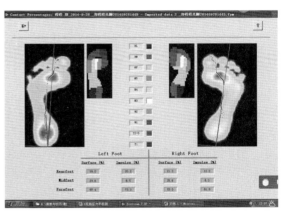

附图18　足弓形态类型

2. 表格

附表　足底压力测试鞋类舒适性实验数据汇总表

光脚	足底最大压力数据/N	足底支撑地面时间数据/ms		足弓形状类型/%		足跟接触时间/ms	
1号受试者	1016	597	663	27.3	25.5	10	53
2号受试者	855	580	583	23.6	25.6	67	57
穿鞋	足底最大压力数据/N	足底支撑地面时间数据/ms		足弓形状类型/%		足跟接触时间/ms	
1号受试者	758	760	877	—	—	50	63
2号受试者	757	643	607	—	—	27	10

实验结论：

（1）比较得出足跟缓冲性能最佳的鞋类（数据+图片）。

答：比较得出足跟缓冲性能最佳的鞋是1号受试者所穿着的鞋，因为1号受试者足跟受力比2号受试者大，时间长，具体数据见附表1。

（2）比较得出足底压力分布最小的鞋类（数据+图片）。

答：比较得出足底压力分布两双鞋差不多，具体数据见附表1。

（3）归纳出每组测试者的足弓类型（结论+图片）。

答：比较得出1号受试者为正常足型，如附图19所示足弓在正常足型范围内。

	Left Foot		Right Foot	
	Surface (%)	Impulse (%)	Surface (%)	Impulse (%)
Rearfoot	19.0	20.2	21.3	12.2
Midfoot	23.6	6.5	25.6	6.0
Forefoot	57.4	73.3	53.0	81.8

附图19　1号受试者足弓在正常足型范围内数据

附录6　教师实训指导与教学设计

一、教案首页

指导实训模块：鞋服舒适性技术设备的操作与分析					
授课班级		授课时间		授课地点	
教学目标	能力目标			知识目标	
	1. 掌握不同种类舒适性测试技术相关设备的操作方法 2. 具备开展不同种类舒适性测试技术相关设备软件分析的技能 3. 具备鞋服舒适性测试技术相关设备试验数据整理与分析的能力			1. 掌握不同种类舒适性测试技术设备操作过程中的基本要求 2. 了解不同种类舒适性测试技术相关设备软件各项功能的意义 3. 掌握利用鞋服舒适性测试技术进行鞋服舒适性评价的相关知识	
教学重点	1. 鞋服舒适性测试技术相关设备的操作与测试要求 2. 利用舒适性测试技术相关设备评价鞋服舒适性的相关知识和技能				
教学难点	1. 不同种类舒适性测试技术相关设备软件各项功能的意义 2. 相关设备试验数据的整理与分析				

二、教学设计

第一节　内容概况				
步骤	教学内容	教学方法与手段	学生活动	时间分配（2课时）
课程准备	本模块内容概况	讲授	集中听课	5
课程准备	专业现有鞋服舒适性技术资源介绍	讲授	课内讨论	10
课程导入	足底压力平板视频导入	视频导入	集中听课	5
讲授与分析	足底压力平板的功能学习	讲解示范	集中听课	40
讲授与分析	足底压力平板的应用讨论	指导点评	集中听课	15
讨论与小结	课程内容小结	讲授	集中听课	5
第二节　足底压力				
步骤	教学内容	教学方法与手段	学生活动	时间分配（2课时）
课程准备	上节课内容提问	讲授	集中听课	5
讲授与分析	足底压力平板数据整理	讲解示范	集中听课	10
讲授与分析	足底压力平板数据分析	讲解示范	集中听课	20
讲授与分析	足底压力平板操作分析	讲解示范	集中听课	15
基础训练	学生实践操作	指导点评	实践操作	20
讨论与小结	单元内容小结	讲授	集中听课	5
布置练习	选取一款鞋服产品应用足底压力平板进行测试，形成舒适性测试报告	讲授	集中听课	5

续表

第三节　鞋内垫压力测试				
步骤	教学内容	教学方法与手段	学生活动	时间分配（2课时）
课程准备	本次课内容介绍	讲授	集中听课	5
课程准备	讨论足底受力的种类	讲授	课内讨论	10
课程导入	鞋内垫压力测试视频导入	视频导入	集中听课	5
讲授与分析	鞋内垫压力测试设备的功能简介	讲解示范	集中听课	40
讲授与分析	鞋内垫压力测试应用讨论	指导点评	集中听课	15
讨论与小结	课程内容小结	讲授	集中听课	5

第四节　鞋内垫压力测试数据分析				
步骤	教学内容	教学方法与手段	学生活动	时间分配（2课时）
课程准备	上节课内容提问	讲授	集中听课	5
讲授与分析	鞋内垫压力测试数据整理	讲解示范	集中听课	10
讲授与分析	鞋内垫压力测试数据分析	讲解示范	集中听课	20
讲授与分析	鞋内垫压力测试操作分析	讲解示范	集中听课	15
基础训练	学生实践操作	指导点评	实践操作	20
讨论与小结	课程内容小结	讲授	集中听课	5
布置练习	选取一款鞋服产品应用鞋内垫压力测试设备进行测试，形成舒适性测试报告	讲授	集中听课	5

第五节　点压力				
步骤	教学内容	教学方法与手段	学生活动	时间分配（2课时）
课程准备	本次课内容介绍	讲授	集中听课	5
课程准备	讨论足部受力的种类	讲授	课内讨论	5
课程导入	点压力视频导入	视频导入	集中听课	5
讲授与分析	点压力功能简介	讲解示范	集中听课	25
讲授与分析	点压力应用讨论	指导点评	集中听课	15
讲授与分析	认识点压力测试设备	讲解示范	实践操作	20
讨论与小结	课程内容小结	讲授	集中听课	5

第六节　三维测力平台				
步骤	教学内容	教学方法与手段	学生活动	时间分配（2课时）
课程准备	上节课内容提问	讲授	集中听课	5
课程准备	人体为什么能够移动？	引导讲授	课内研讨	10
课程导入	三维测力平台视频导入	视频导入	集中听课	5
讲授与分析	三维测力平台的功能简介	讲授	集中听课	10
讲授与分析	三维测力平台的操作分析	讲解示范	实践操作	20

步骤	教学内容	教学方法与手段	学生活动	时间分配（2课时）
基础训练	学生实践操作	指导点评	实践操作	20
讨论与小结	课程内容回顾总结	讲授	集中听课	5
布置练习	选取一款鞋服产品应用三维测力平台进行测试，得出足底、鞋底水平方向的受力	讲授	集中听课	5

第七节　高速摄影（一）

步骤	教学内容	教学方法与手段	学生活动	时间分配（2课时）
课程准备	本次课内容介绍	讲授	集中听课	5
课程准备	鞋服的舒适性具体体现	引导讲授	课内讨论	10
课程导入	高速摄影视频导入	视频导入	集中听课	5
讲授与分析	高速摄影功能简介	讲解示范	集中听课	40
讲授与分析	高速摄影应用讨论	指导点评	集中听课	15
讨论与小结	课程内容小结	讲授	集中听课	5

第八节　高速摄影（二）

步骤	教学内容	教学方法与手段	学生活动	时间分配（2课时）
课程准备	上节课内容提问	讲授	集中听课	5
讲授与分析	高速摄影数据整理	讲解示范	集中听课	20
讲授与分析	高速摄影数据分析	讲解示范	集中听课	10
讲授与分析	高速摄影的操作分析	讲解示范	集中听课	15
基础训练	学生实践操作	指导点评	实践操作	20
讨论与小结	课程内容小结	讲授	集中听课	5
布置练习	选取一名测试者，应用高速摄影判断后跟的翻转变化	讲授	集中听课	5

第九节　三维影像分析

步骤	教学内容	教学方法与手段	学生活动	时间分配（2课时）
课程准备	本次课内容介绍	讲授	集中听课	5
课程准备	鞋服舒适性人体整体表现	引导讲授	课内讨论	10
课程导入	三维影像分析视频导入	视频导入	集中听课	5
讲授与分析	三维影像分析功能简介	讲解示范	实践操作	40
讲授与分析	三维影像分析应用讨论	指导点评	集中听课	15
讨论与小结	课程内容小结	讲授	集中听课	5

第十节　红外热成像测试

步骤	教学内容	教学方法与手段	学生活动	时间分配（2课时）
课程准备	本次课内容介绍	讲授	集中听课	5
课程导入	红外热成像视频导入	讲授	集中听课	5

步骤	教学内容	教学方法与手段	学生活动	时间分配（2课时）
讲授与分析	红外热成像测试操作	讲解示范	集中听课	10
讲授与分析	红外热成像系统功能分析	讲解示范	集中听课	15
基础训练	红外热成像操作与数据分析	指导点评	实践操作	30
讲授与分析	红外热成像应用拓展	指导点评	课内讨论	10
讨论与小结	课程内容小结	讲授	集中听课	5

第十一节　三维足型扫描测试

步骤	教学内容	教学方法与手段	学生活动	时间分配（2课时）
课程准备	本次课内容介绍	讲授	集中听课	5
课程导入	三维足型扫描仪视频导入	讲授	集中听课	5
课程导入	不同三维足型扫描仪比较	讲授	集中听课	10
讲授与分析	三维足型扫描测试操作	讲解示范	集中听课	10
讲授与分析	三维足型扫描功能分析	讲解示范	集中听课	15
基础训练	三维足型扫描仪测试训练	讲解示范	实践操作	20
讨论与小结	模块内容总结	讲授	集中听课	5
布置练习	1. 简要叙述本模块介绍的各种设备名称及用途 2. 布置课程设计	讲授	集中听课	10